U0203281

棒针新花样

马金秀 ★ 管文婷 ★ 叶文静 ★ 等编著

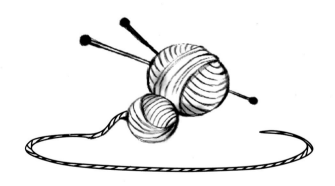

上海科学技术文献出版社

作者的话

当今社会，人们除了追求韵味十足的时尚服饰，对手工编结的时装、帽子、手套、手袋以及各种装饰品也情有独钟。手编物所特有的休闲，而又不失个性化的品位，更能体现衣饰的艺术效果，自然成为扮靓少女选择的着装方式之一。

本书由多位棒针编织高手精心设计，从千余种花样中精选出720种花样。书中汇集了镂空花样、绞棒花样、平实花样、实地花样、凸珠花样等时新花样。除了花样新，色彩艳丽，本书还配有操作实例。在实例中详细说明了编织所需要的毛线材料、编织用具、编织密度、编织尺寸以及操作技巧。便于读者如法实践，编织出心仪的织物。

本书在编写过程中得到马晓霞、王小萍、范国琴、詹国红，韩清、郑洁、文颖等朋友的大力帮助，在此表示衷心感谢。

目　录

棒针花样彩照实例

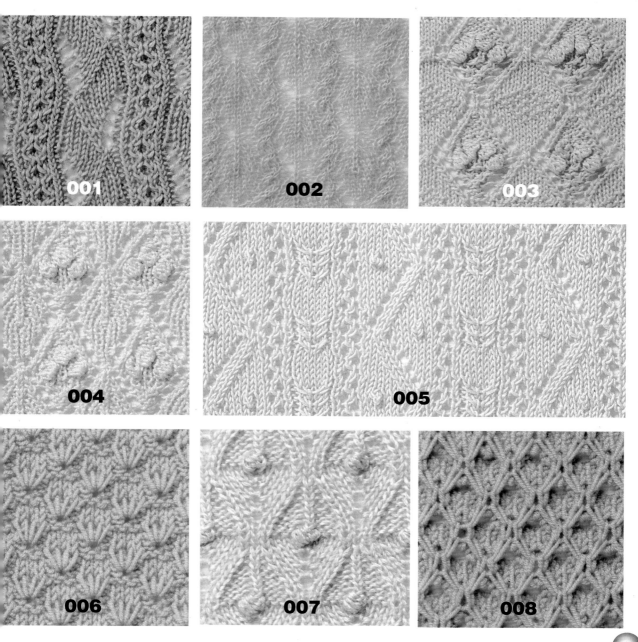

001

002

003

004

005

006

007

008

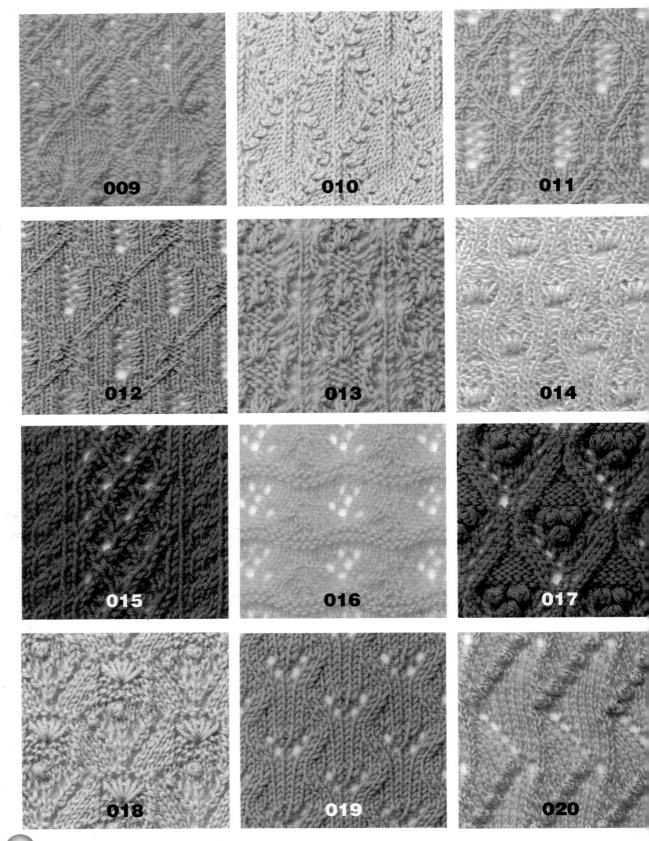

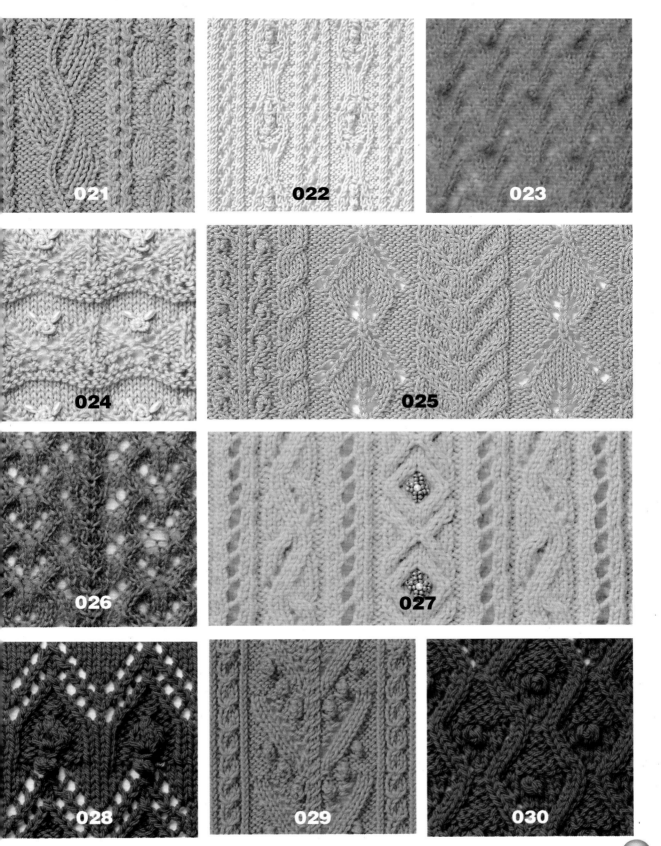

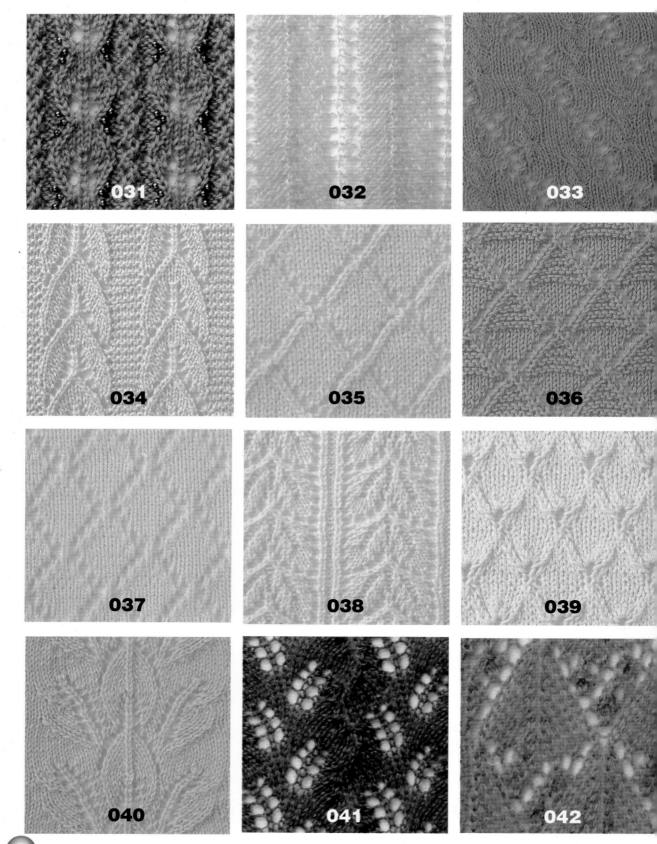

031

032

033

034

035

036

037

038

039

040

041

042

043

044

045

046

047

048 款式编织见 194 页　　**049** 款式编织见 195 页

050

051

052

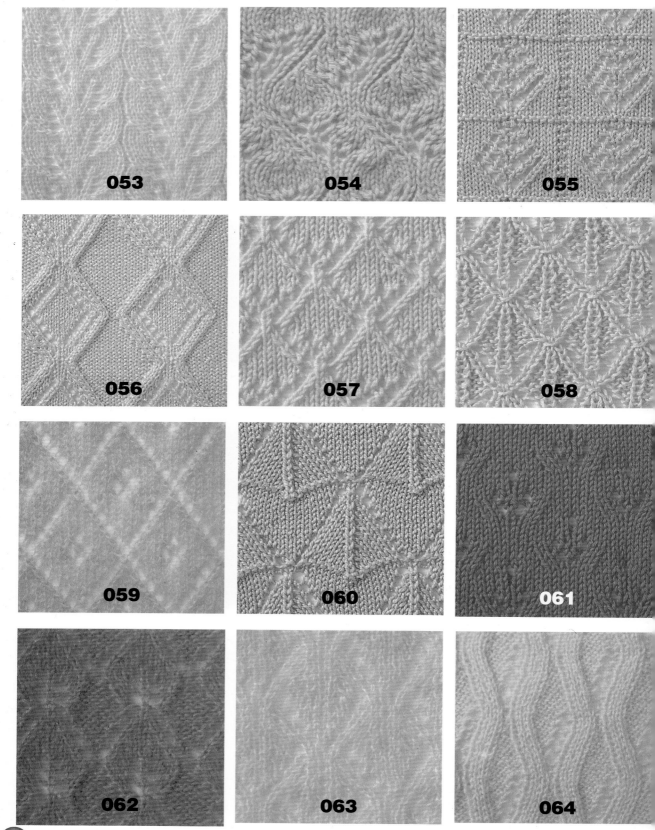

053

054

055

056

057

058

059

060

061

062

063

064

065

066

067

068

069

070 款式编织见196页

071

072

073

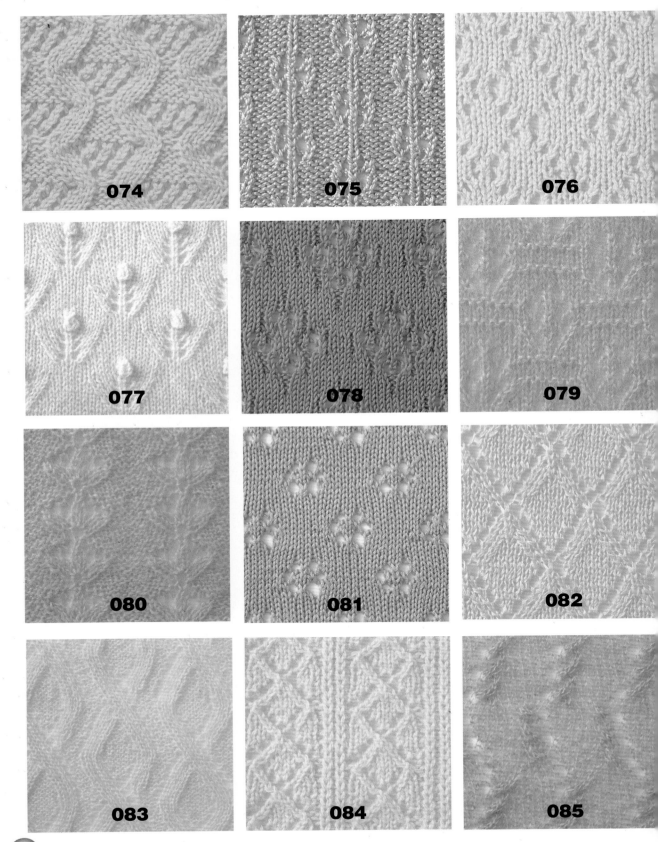

074

075

076

077

078

079

080

081

082

083

084

085

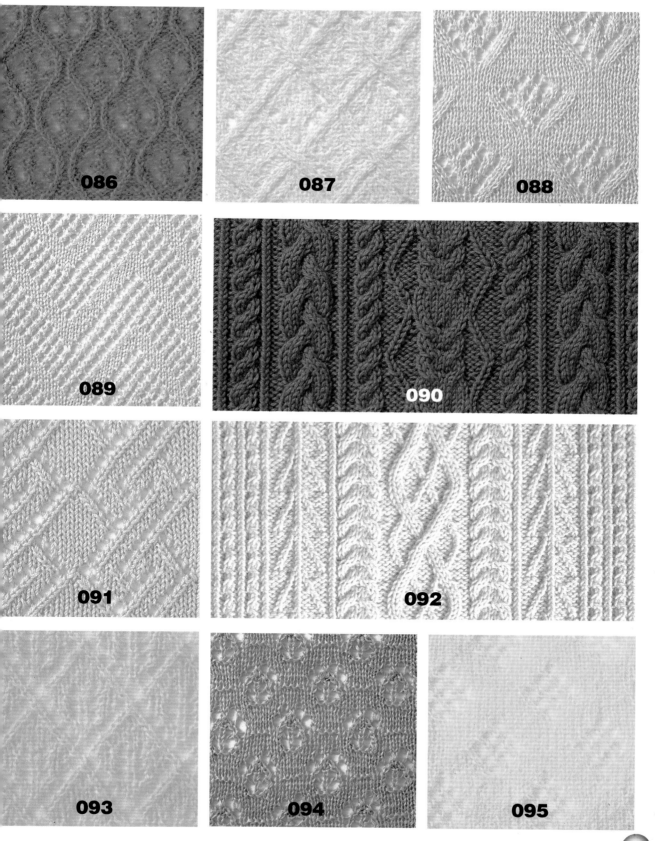

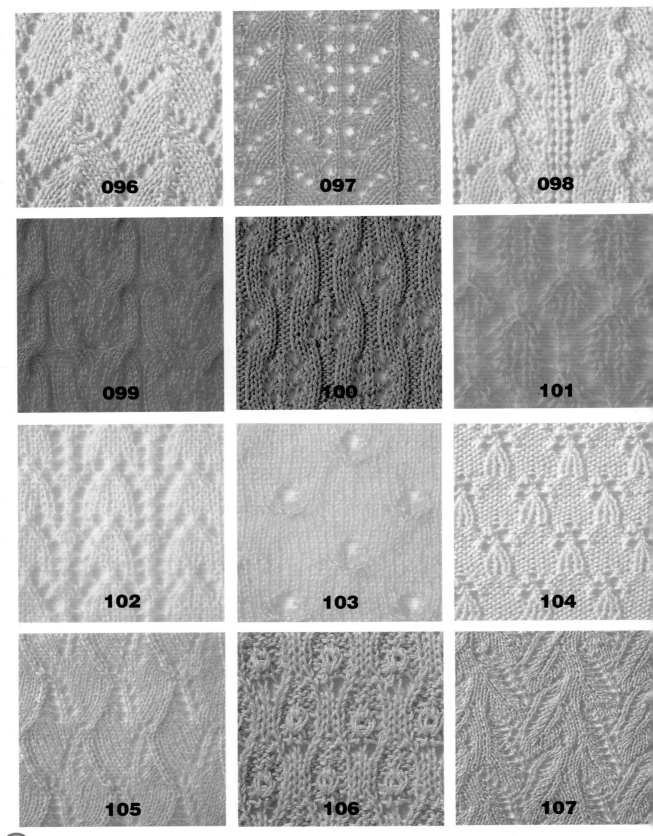

096

097

098

099

100

101

102

103

104

105

106

107

108

109

110

111

112 款式编织见 198 页

113

114

115

116

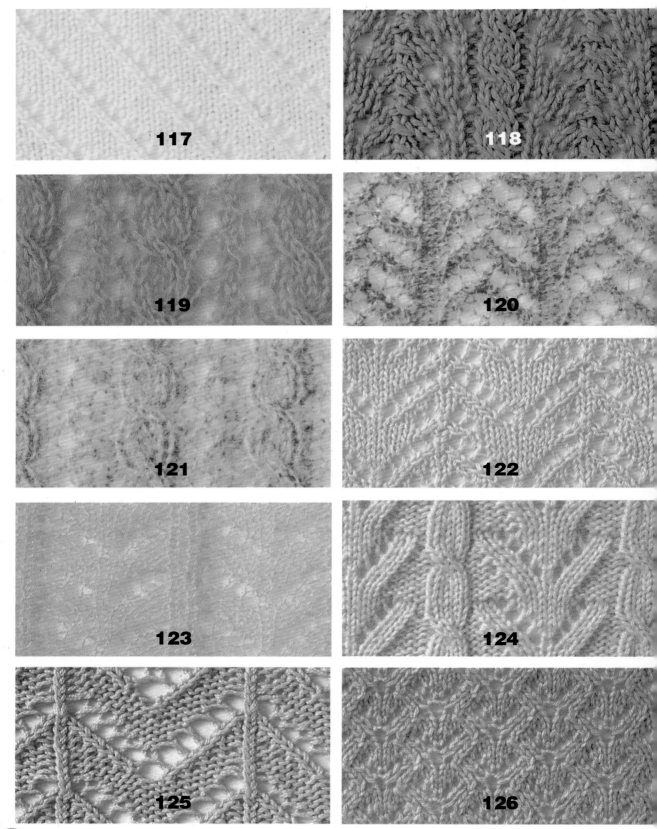

117

118

119

120

121

122

123

124

125

126

127

128

129

130

131

132 款式编织见 199 页

133

134

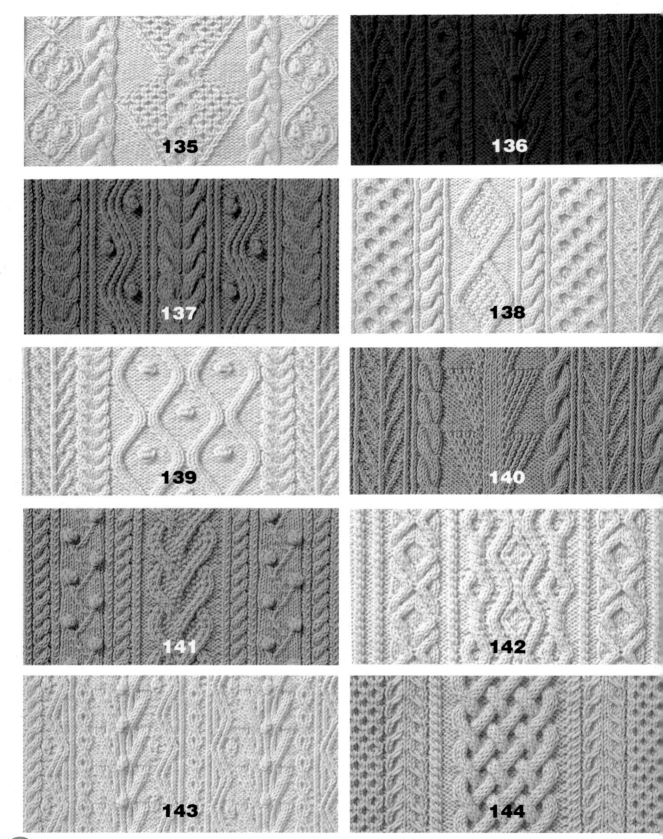

135

136

137

138

139

140

141

142

143

144

145

146

147

148

149

150 款式编织见 200 页

151

152

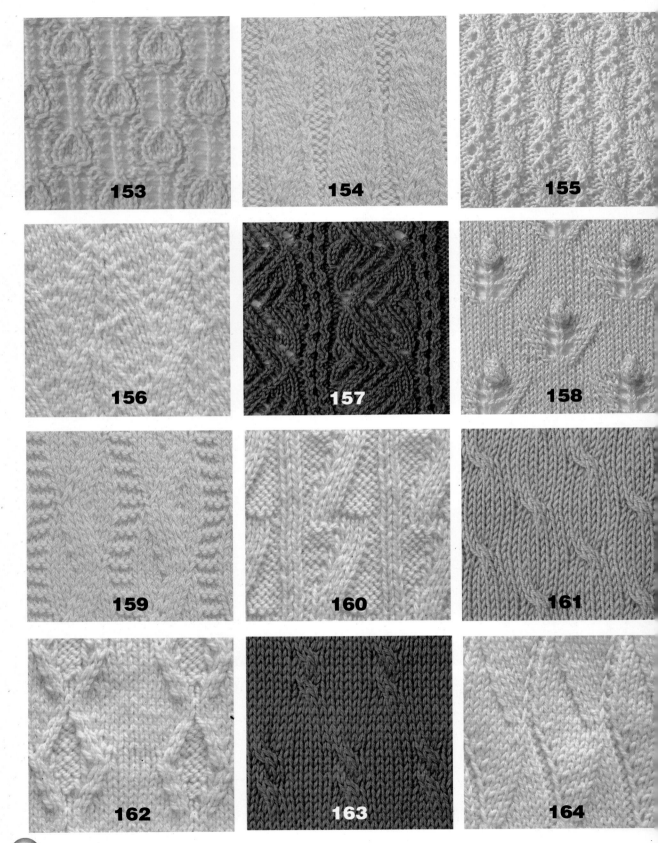

165

166

167

168

169 款式编织见 201 页

170

171

172

173

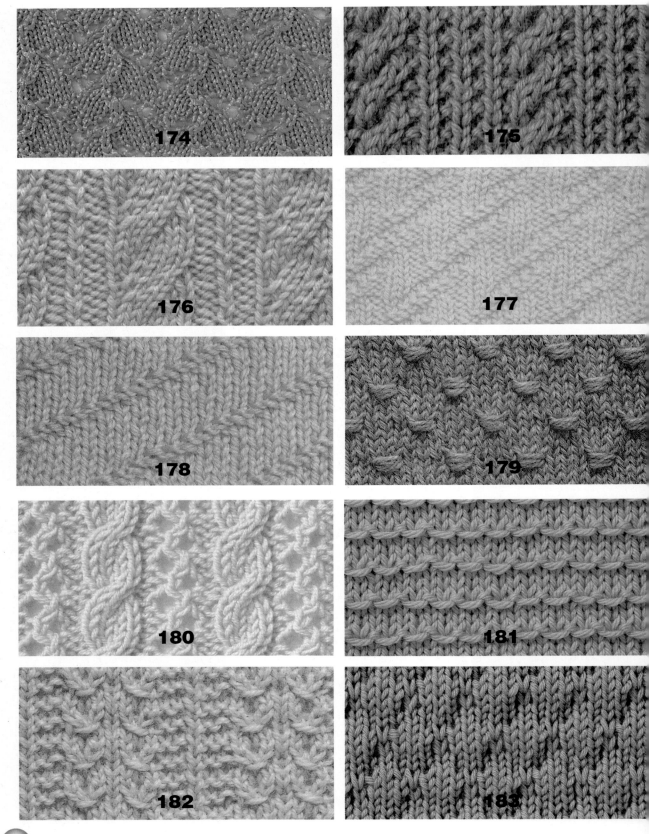

184

185

186

187

188 织法见 202 页

189

190

191

192

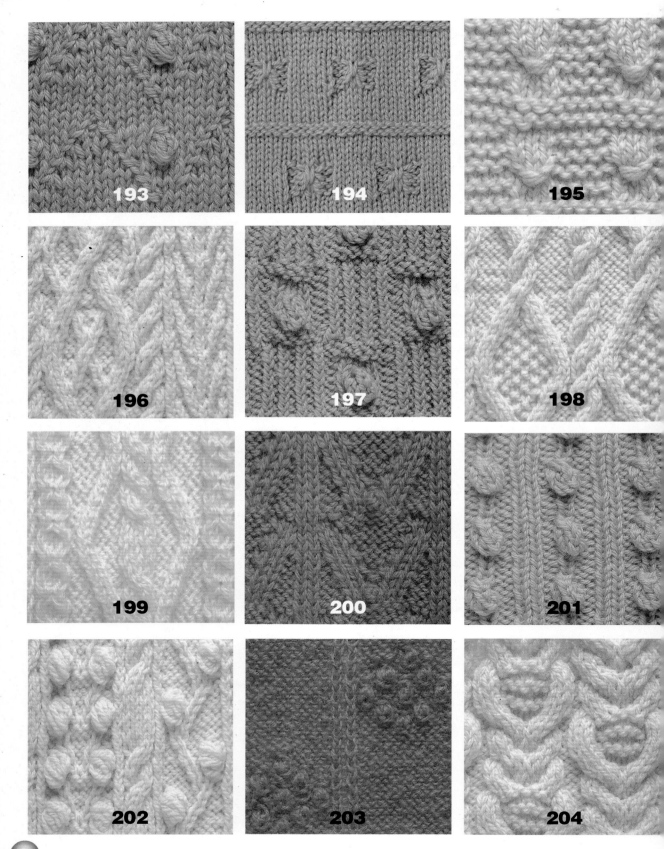

205

206

207

208

209

210 编织方法见 204 页

211

212

213

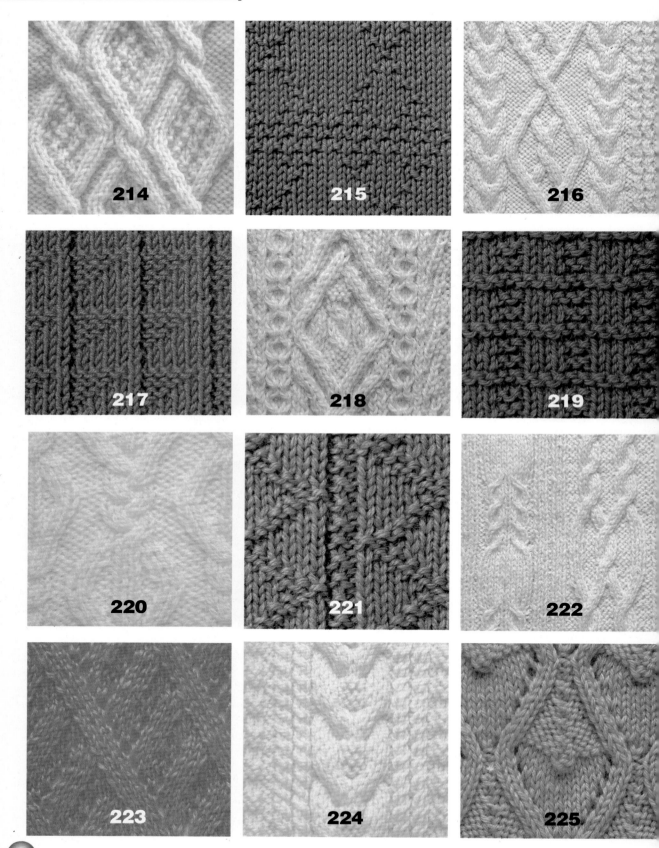

238

239

240

241

242

243

244

245

246

247

248

249

250

251

252

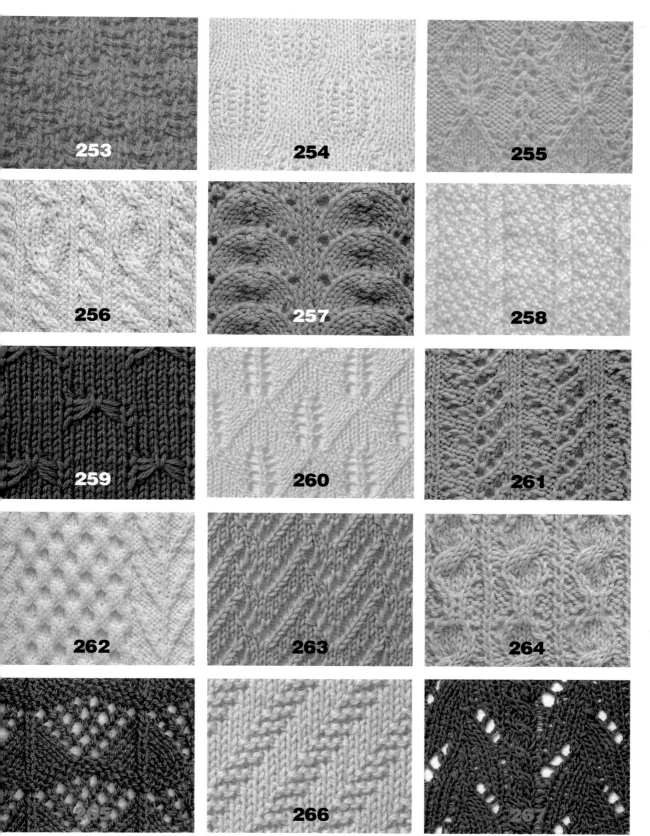

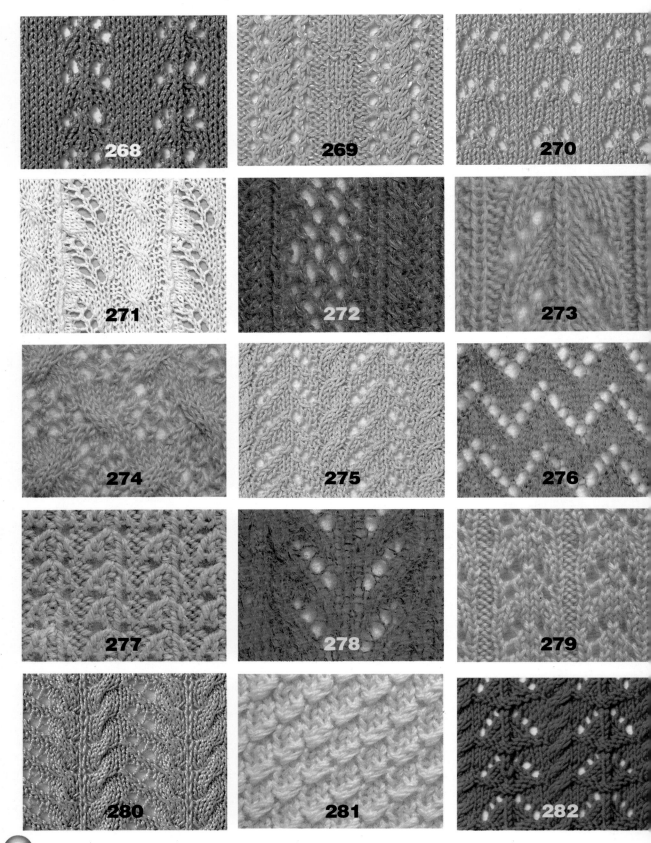

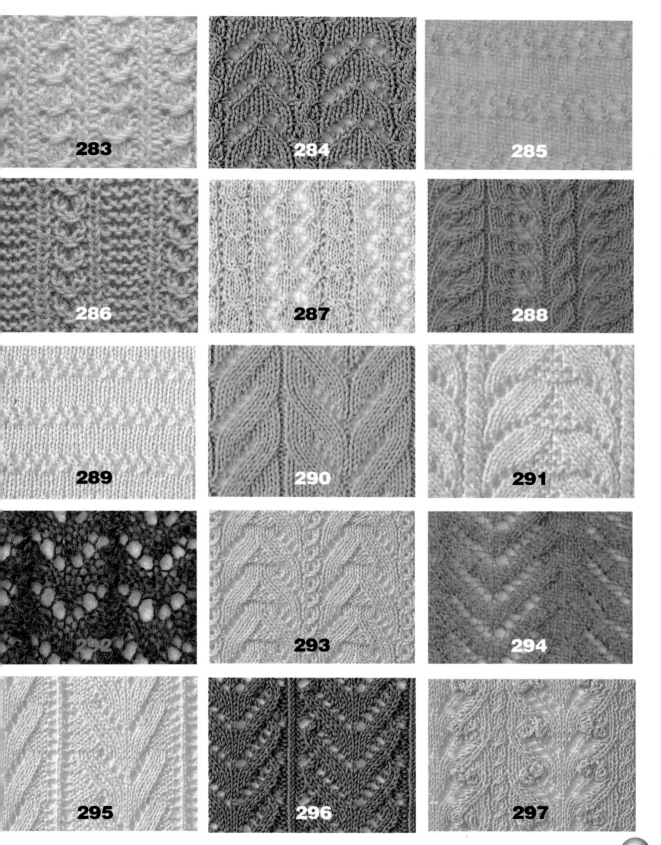

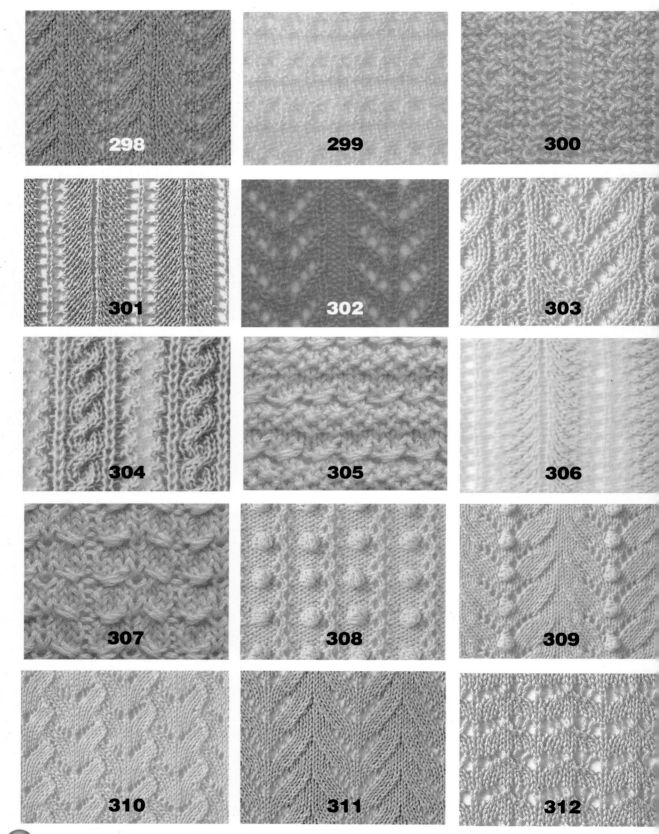

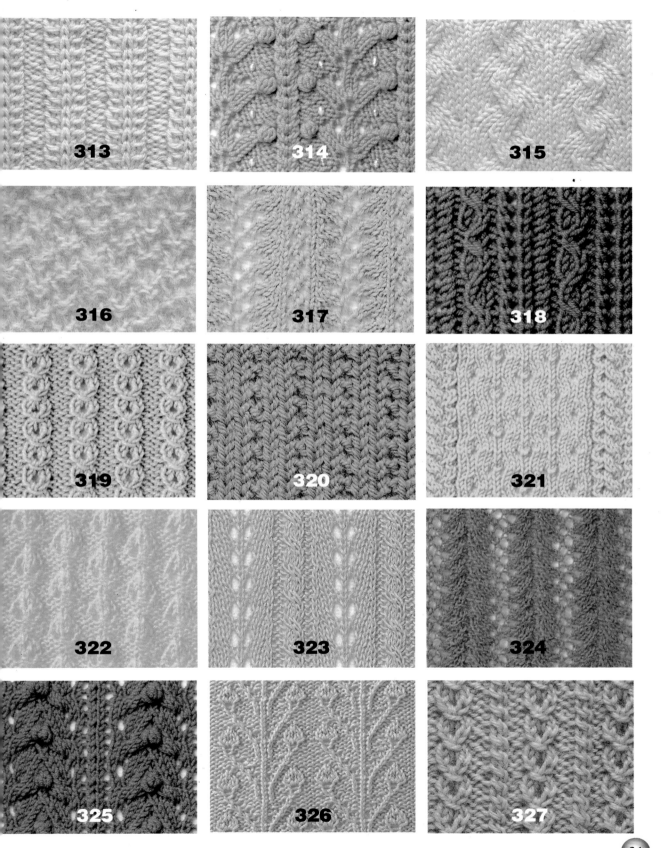

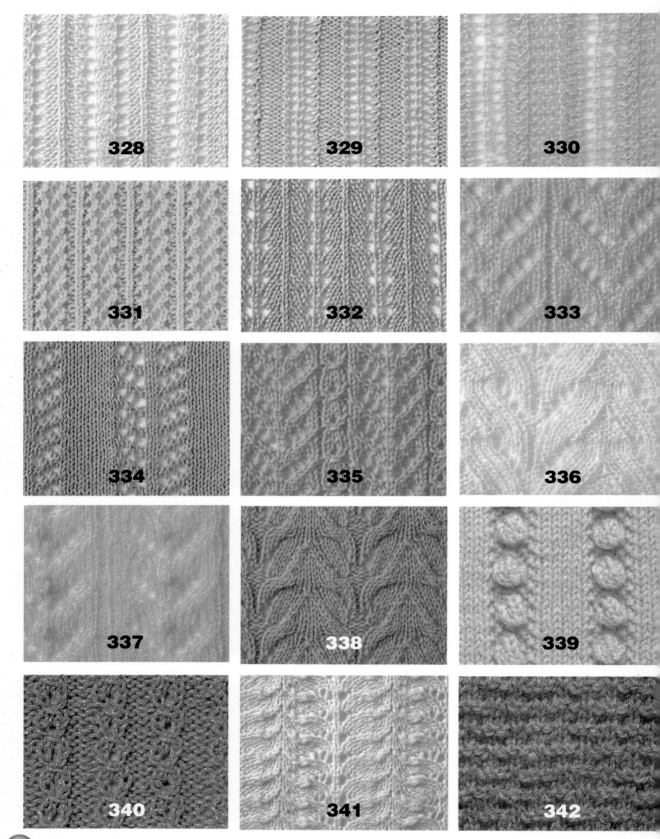

328

329

330

331

332

333

334

335

336

337

338

339

340

341

342

343

344

345

346

347

348 款式编织见 206 页

349

350

351

352

353

354

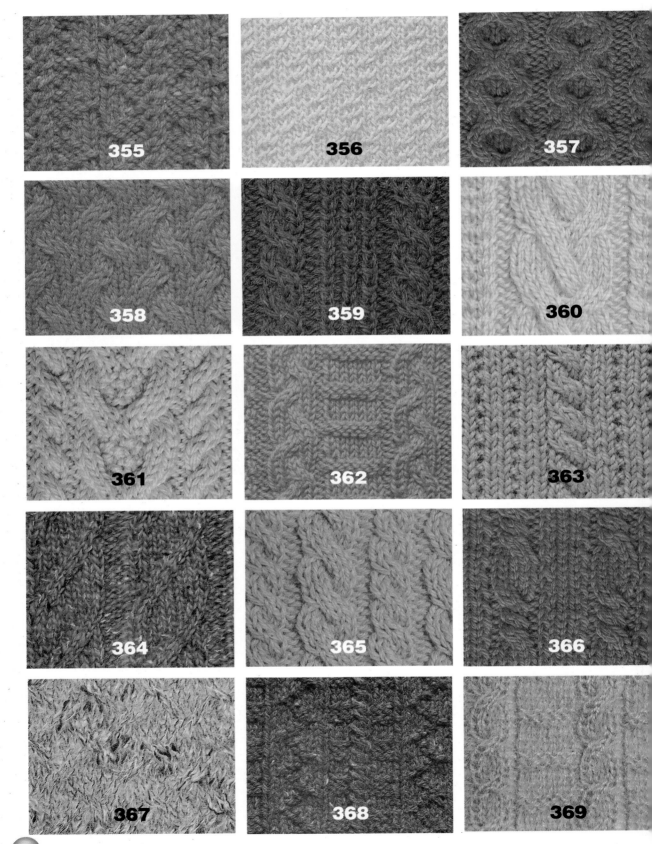

375 款式编织见 208 页

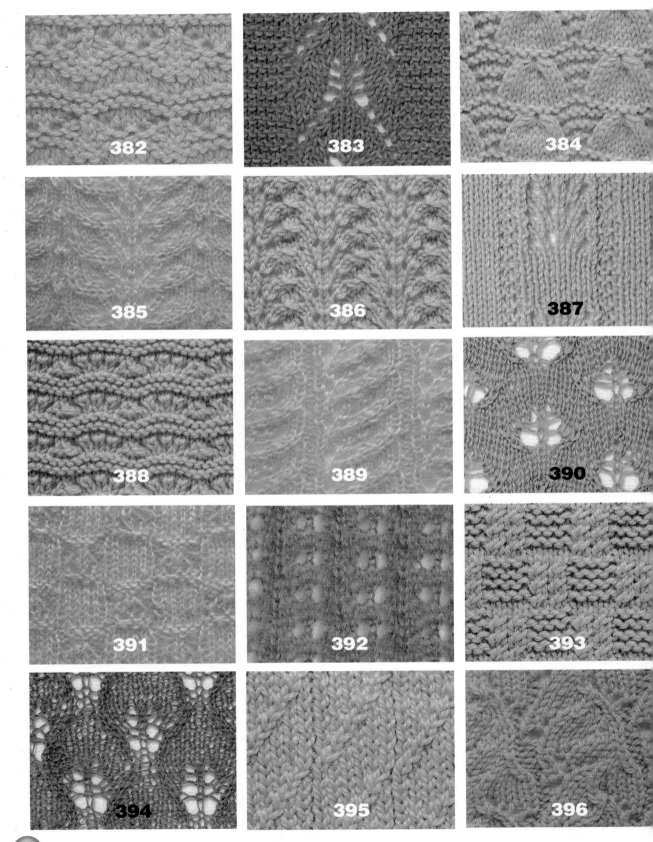

397

398

399

400

401

402 款式编织见 210 页

403

404

405

406

407

408

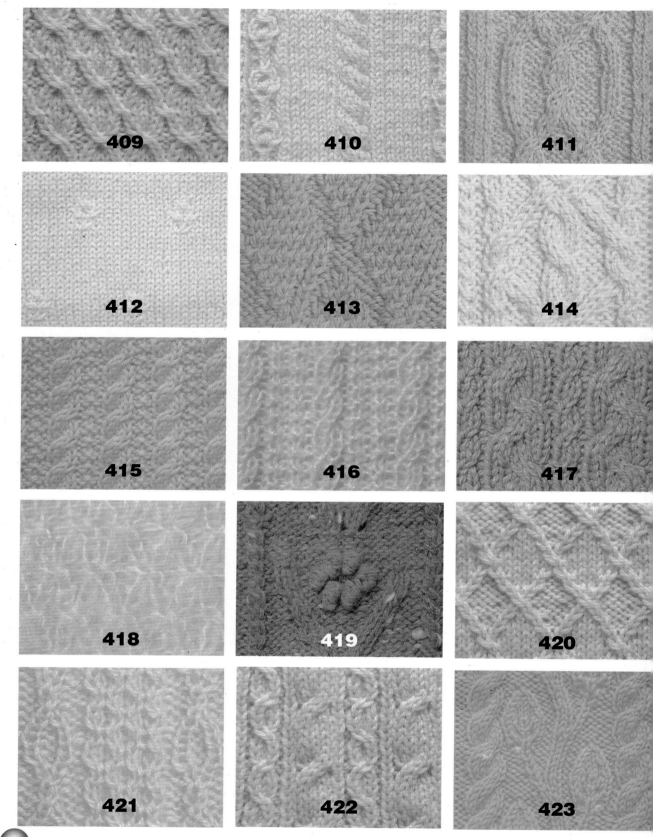

409

410

411

412

413

414

415

416

417

418

419

420

421

422

423

424

425

426

427

428

429 款式编织见 211 页

430

431

432

433

434

435

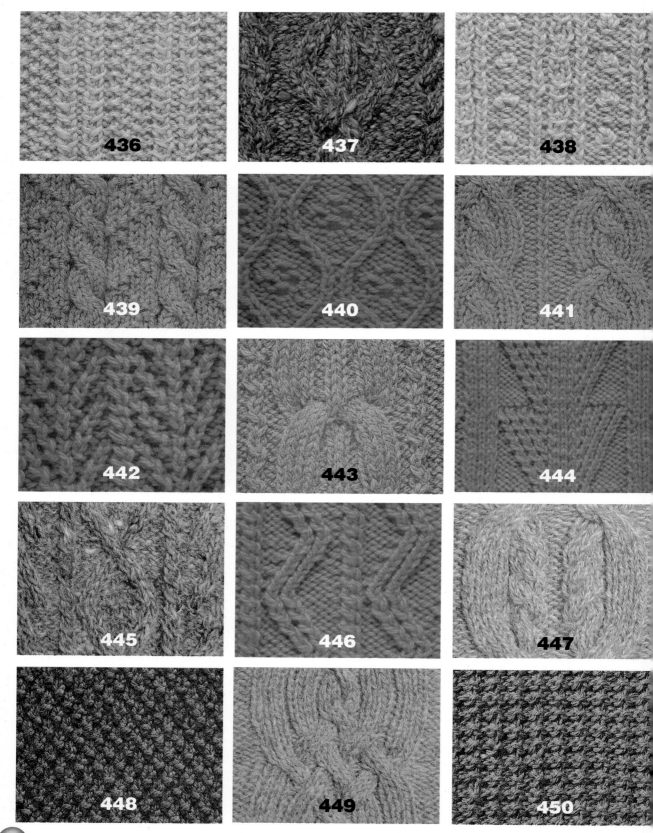

451

452

453

454

455

456 款式编织见 213 页

457

458

459

460

461

462

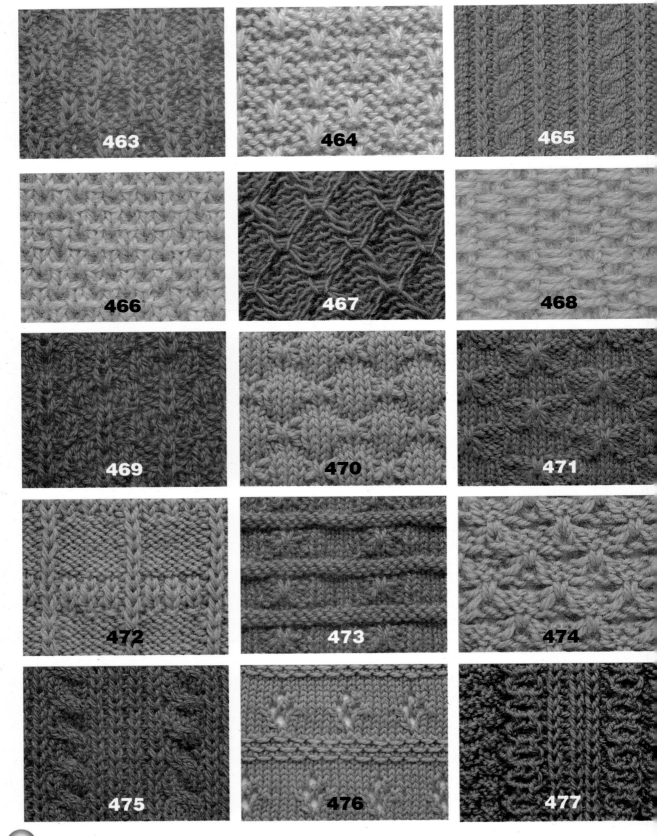

478

479

480

481

482

483 款式编织见 214 页

484

485

486

487

488

489

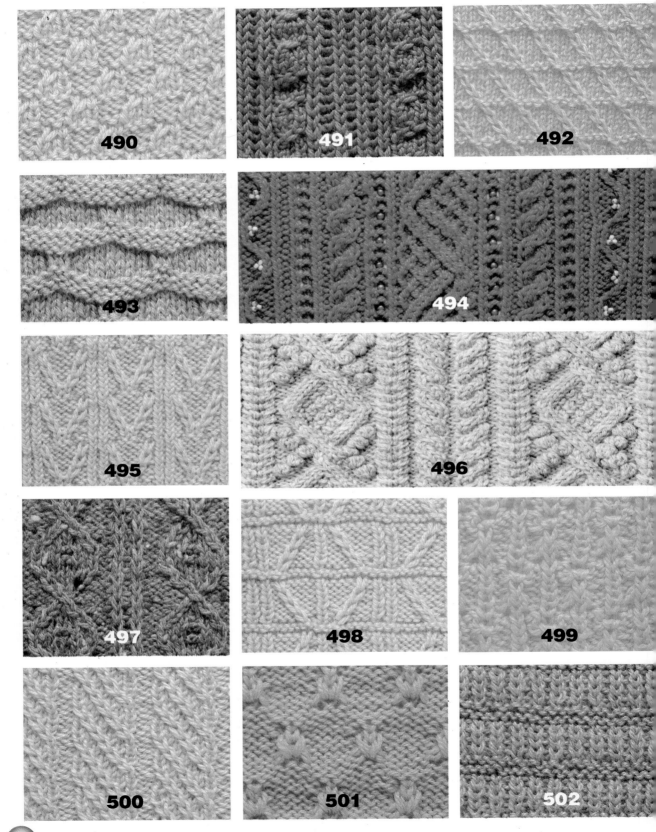

503

504

505

506

507 款式编织见 216 页

508

509

510

511

512

513

514

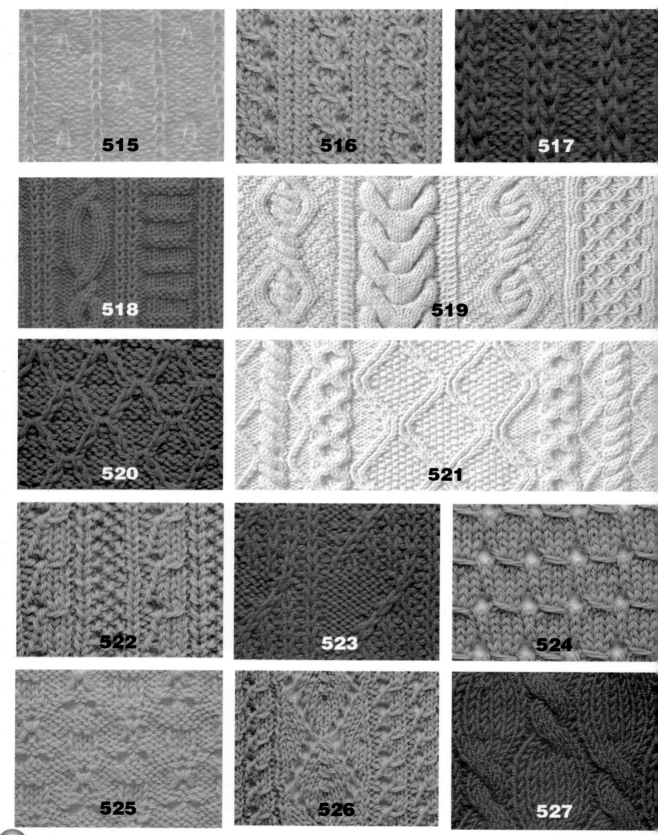

515

516

517

518

519

520

521

522

523

524

525

526

527

528

529

530

531

533

532 款式编织见 218 页

534

535

536

537

538

539

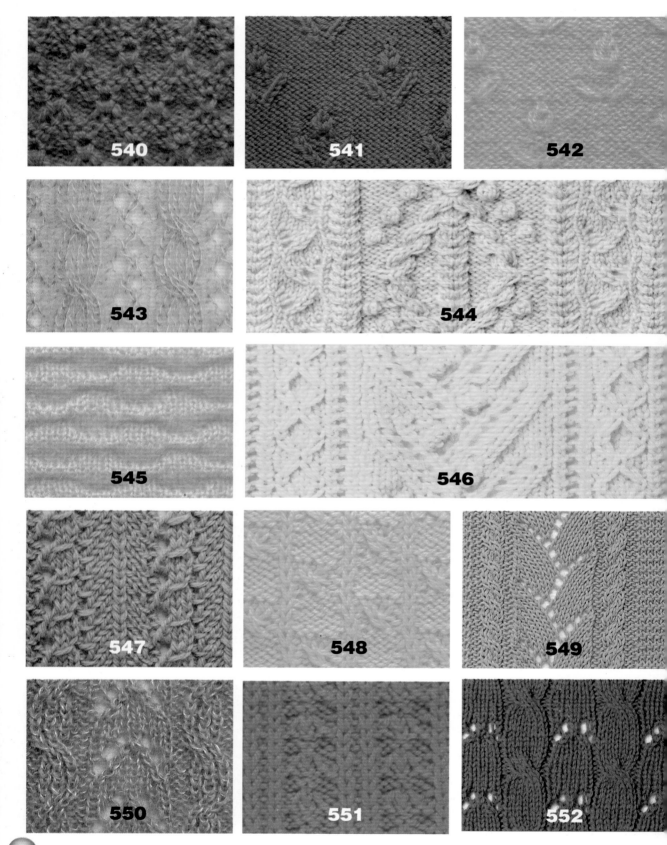

553

554

555

556

558

557 款式编织网 2019.07

559

560

561

562

563

564

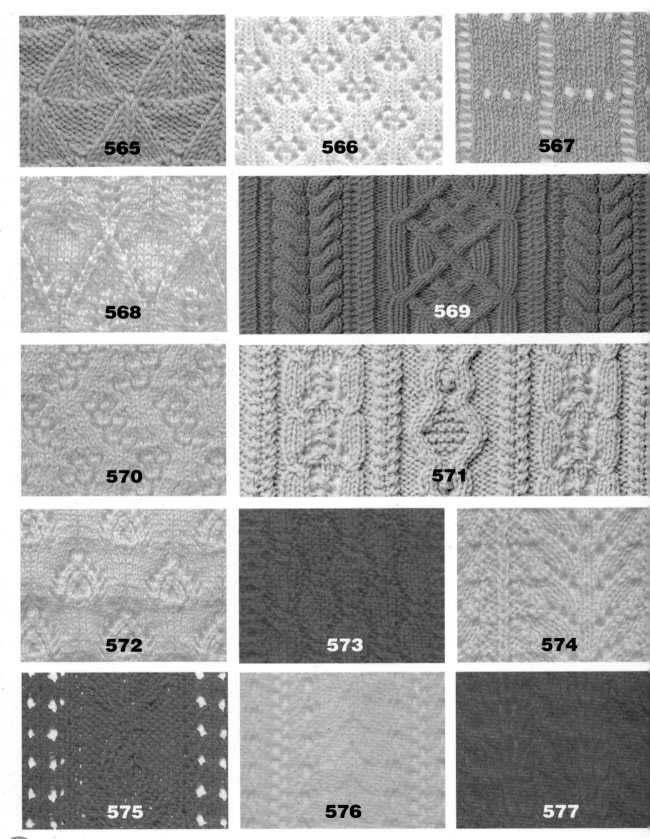

565

566

567

568

569

570

571

572

573

574

575

576

577

578

579

580

581

582 款式编织见 220 页

583

584

585

586

587

588

589

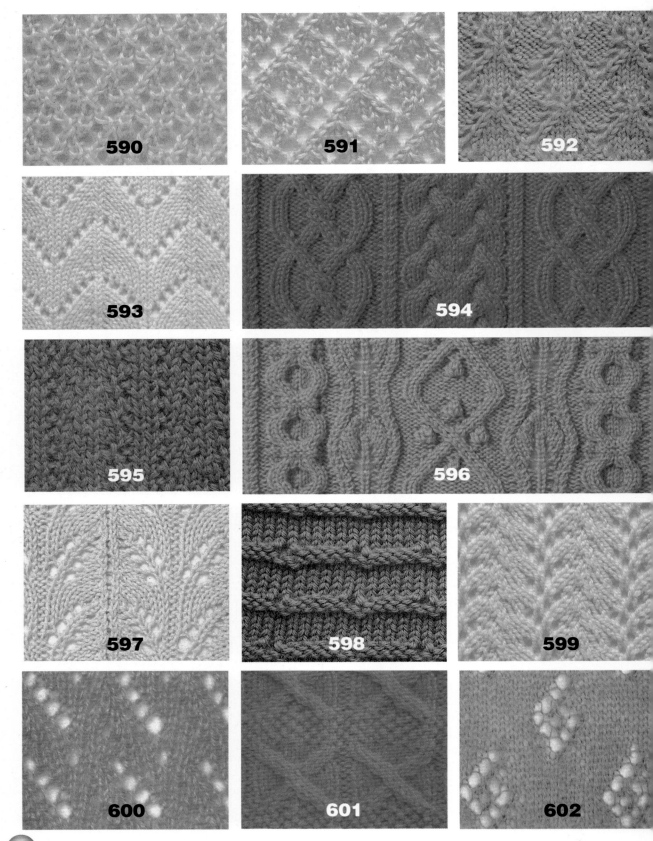

590

591

592

593

594

595

596

597

598

599

600

601

602

603

604

605

606

607 款式编织见 222 页

608

609

610

611

612

613

614

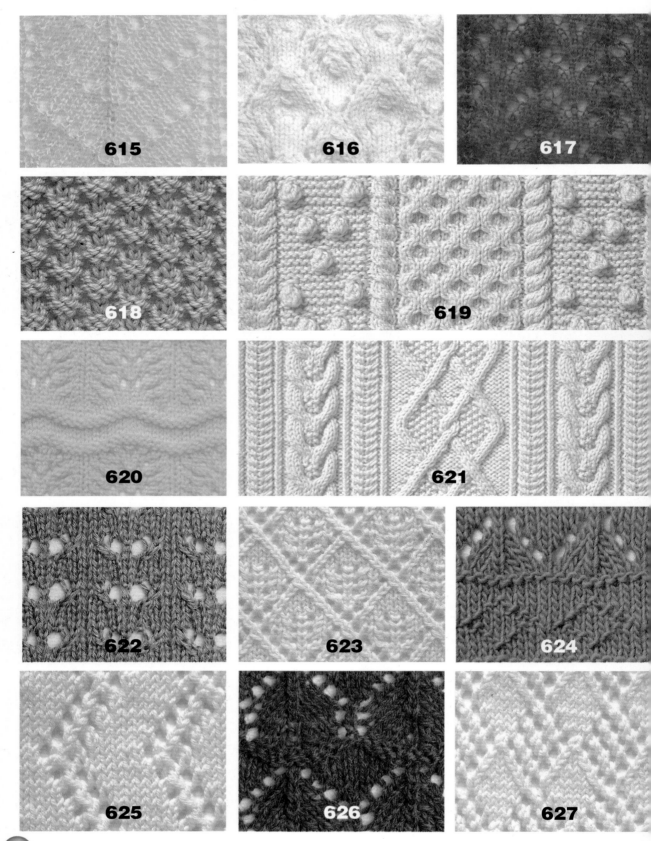

628

629

630

631

633

632 款式编织见 224 页

634

635

636

637

638

639

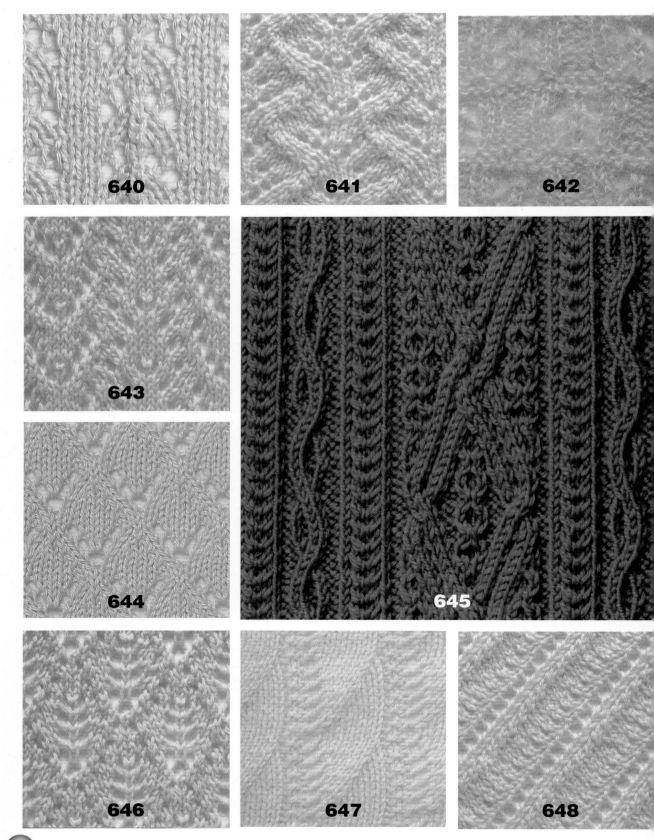

640

641

642

643

644

645

646

647

648

649

650

651

652

654

655

656

657

658

659

660

661

662

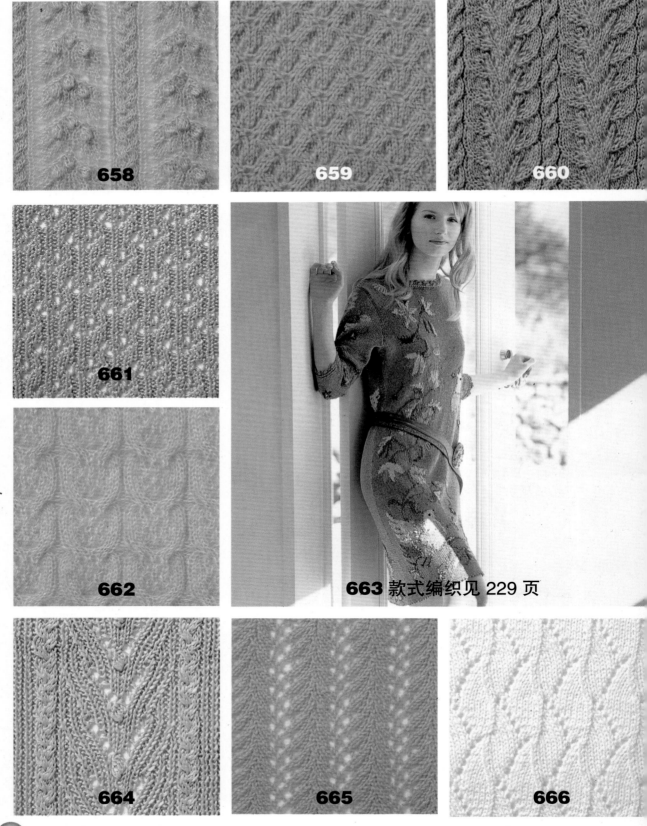

663 款式编织见 229 页

664

665

666

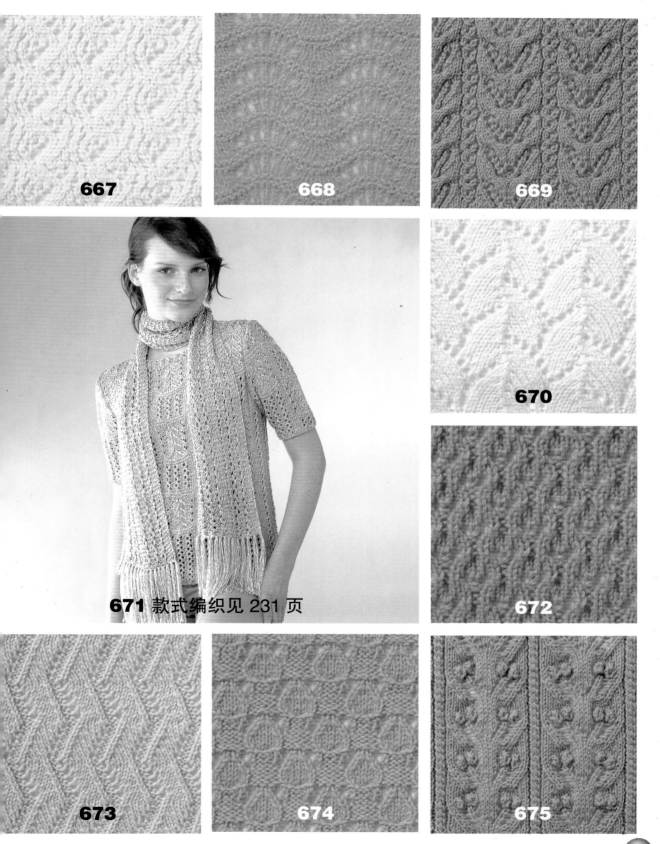

667

668

669

670

671 款式编织见 231 页

672

673

674

675

676

677

678

679

680

681 款式编织见 233 页

682

683

684

685

686

687

688

689 款式编织见 234 页

690

691

692

693

694

695

696

697

698

699 款式编织见 235 页

700

701

702

703

704

705

706

707 款式编织见 23 页

708

709

710

711

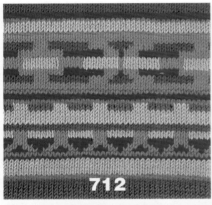

712

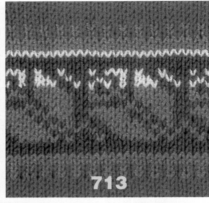

713

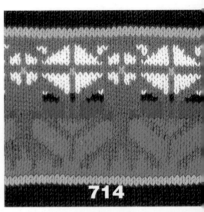

714

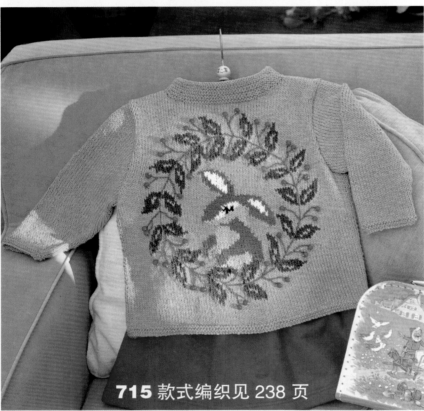

715 款式编织见 238 页

716

717

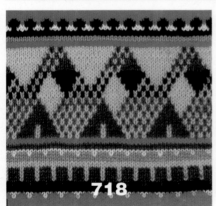

718

719

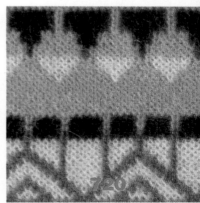

720

棒针花样针法图

001

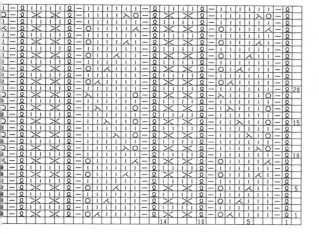

002

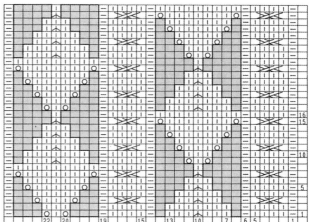

003

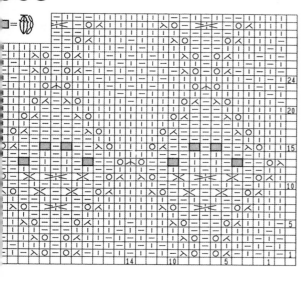

004

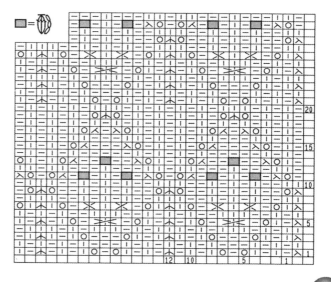

005

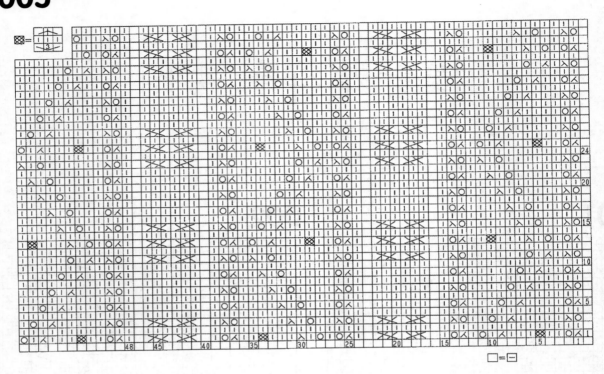

006

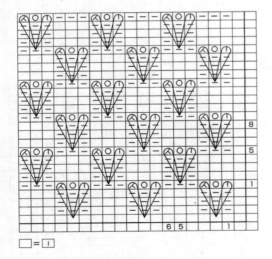

007

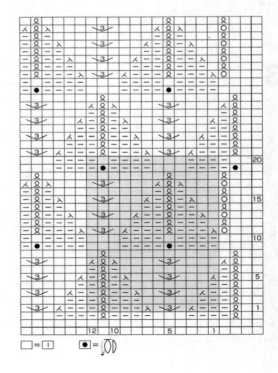

008

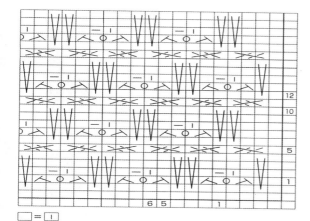

□ = ①

010

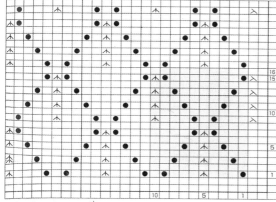

□ = ①

012

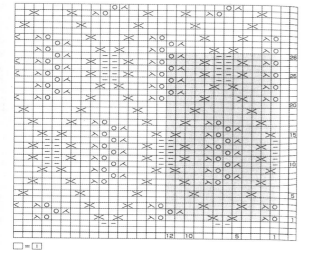

□ = ①

009

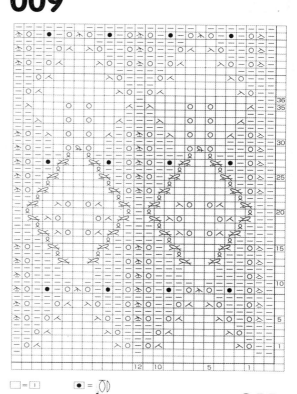

□ = ①   ● = ⌒

011

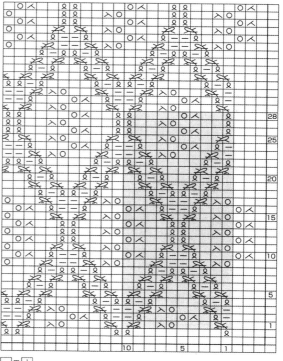

□ = ①

013

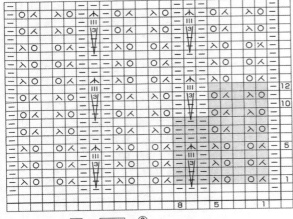

014

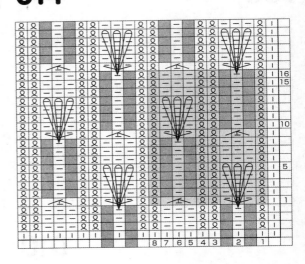

015

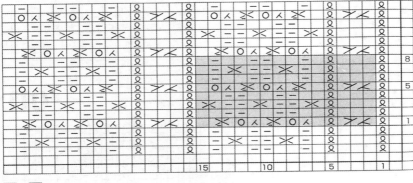

016

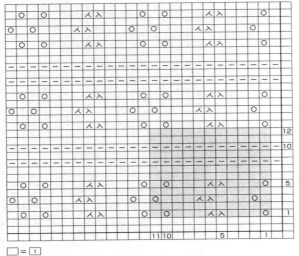

017

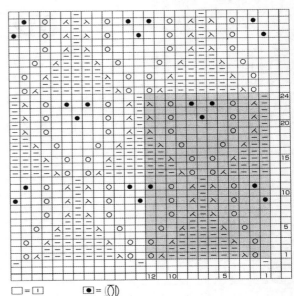

018

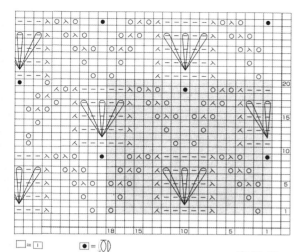

□=□   ●=∫⌒◯⌒

019

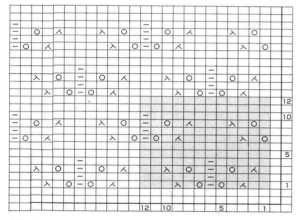

□=□

020

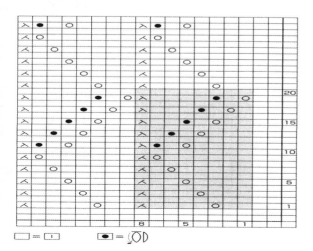

□=□   ●=∫⌒◯⌒

021

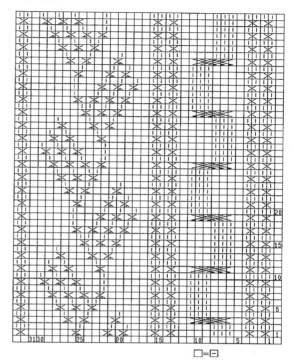

□=□

022

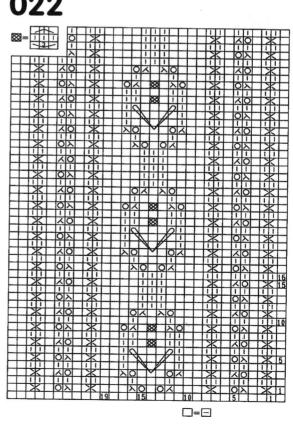

□=□

023

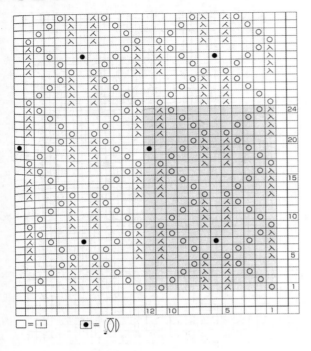

□＝ **|**　　●＝ 〇

024

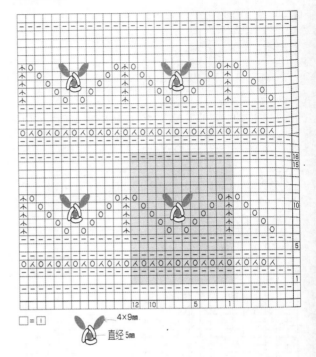

□＝ **|**

4×9㎜
直径 5㎜

025

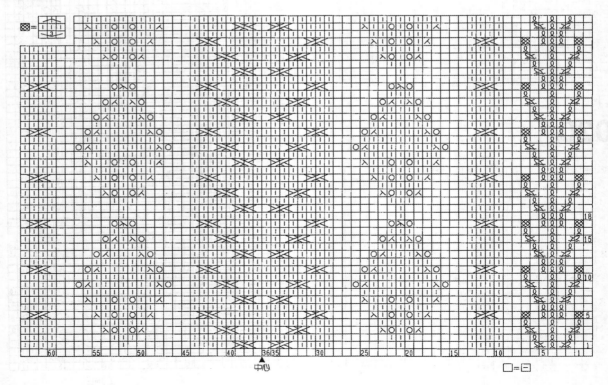

中心

□＝ 〓

026

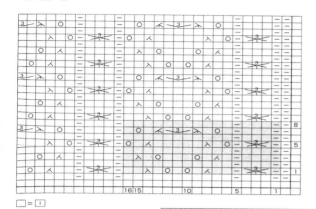

□ = □

027

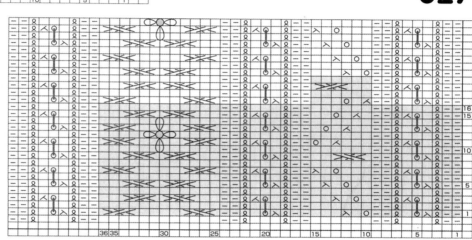

□ = □   ▮ = 11㎜幅

= 直径4㎜
珠子（金茶色）

028

=   =

□ = □   ● = □

029

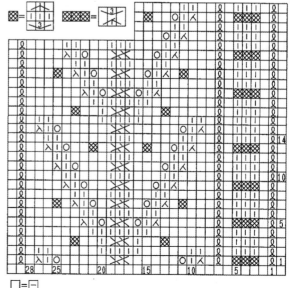

□ = □

030

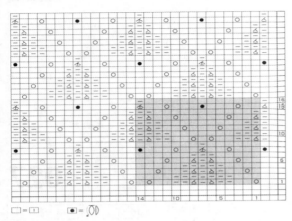

□ = ⊡   ● = ⡏

031

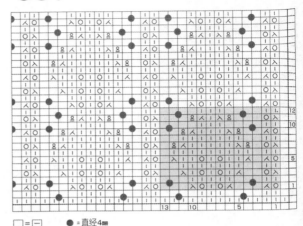

□ = ⊟   ● = 直径4㎜

032

033

034

035

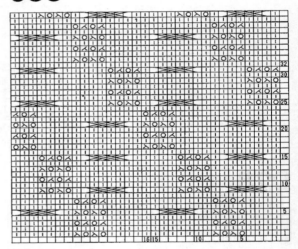

036

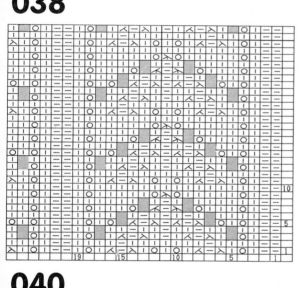

037

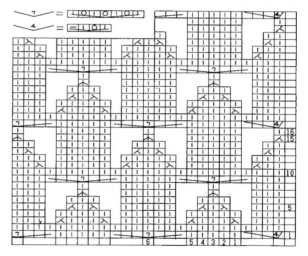

038

039

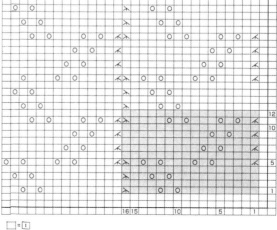

040

041

□ = ①

042

043

044

045

046

047

050

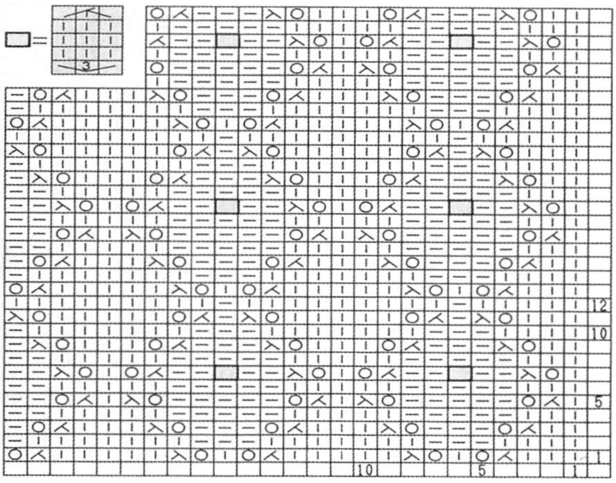

051

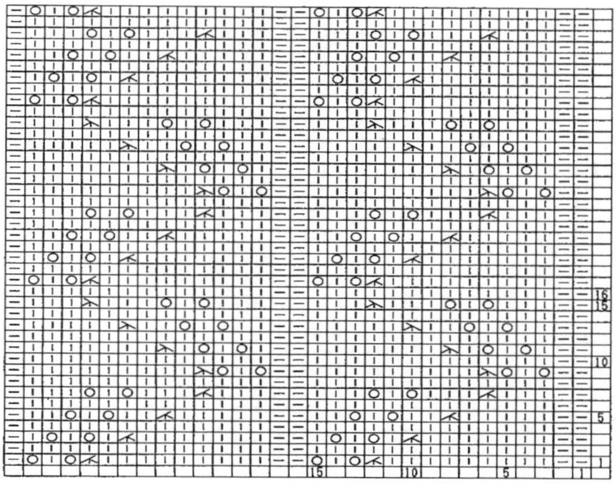

052

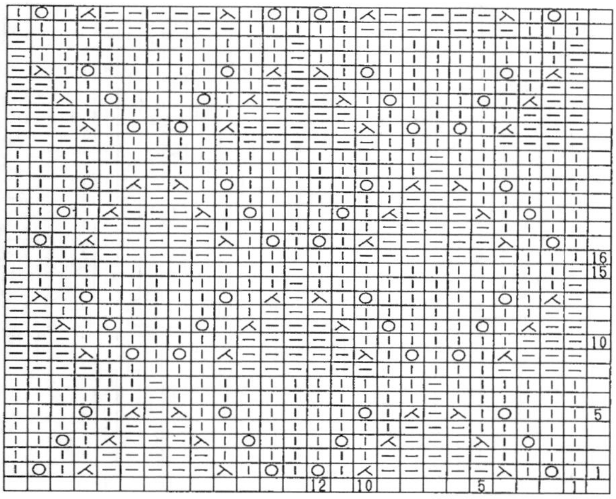

053

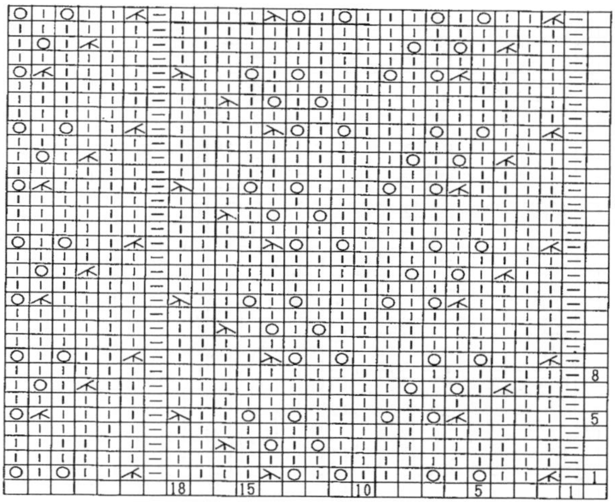

054

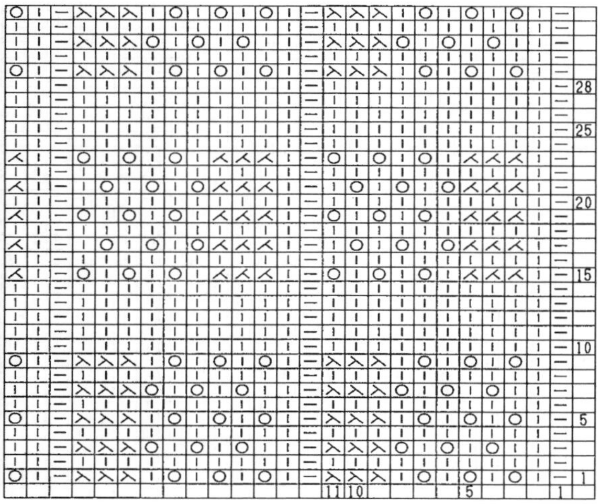

055

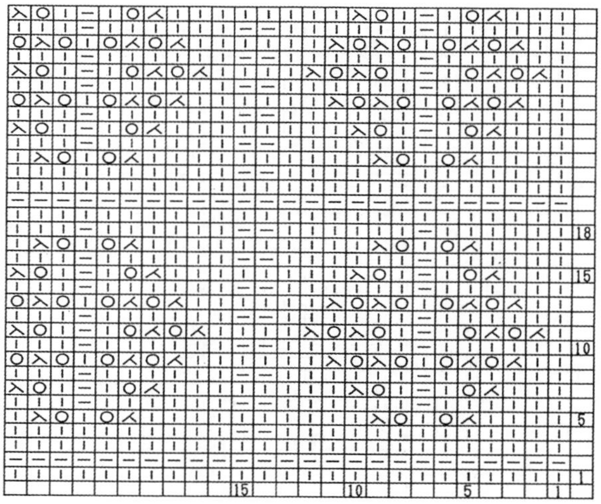

056

057

058

059

060

061

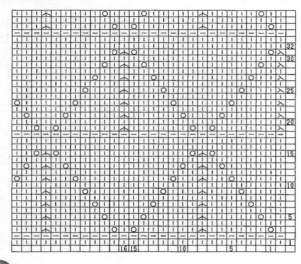

062

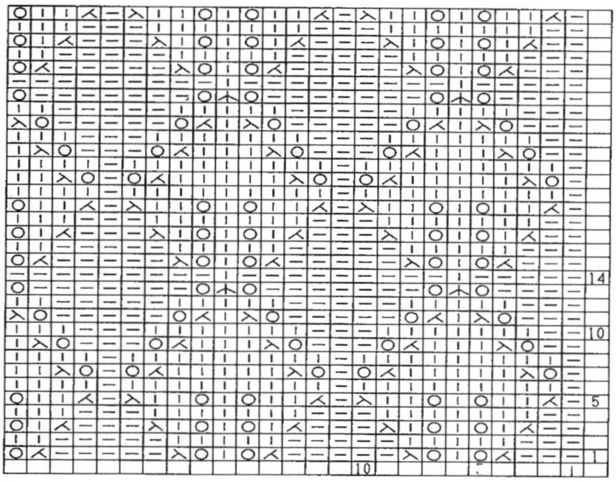

063

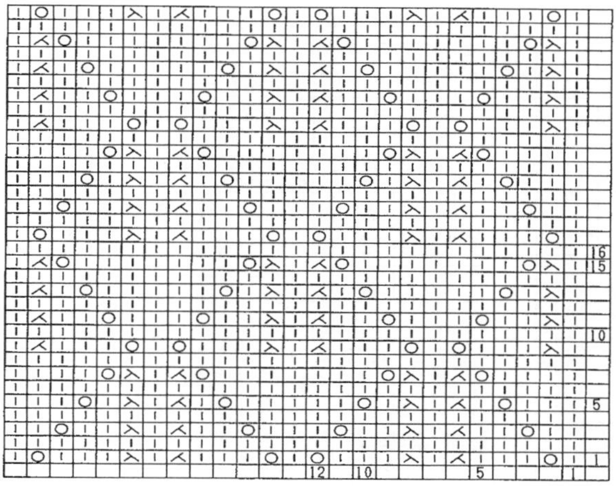

064

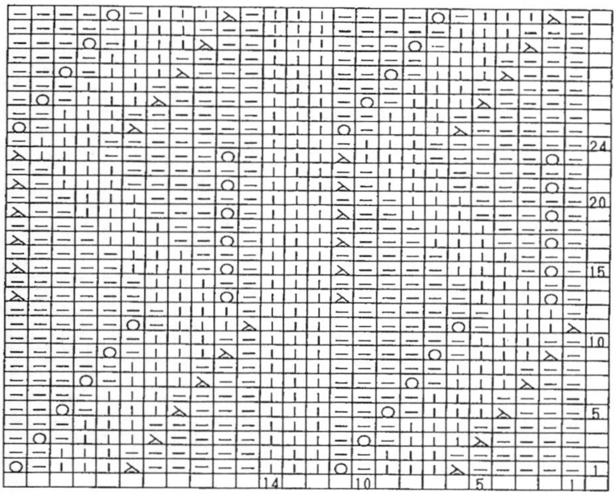

065

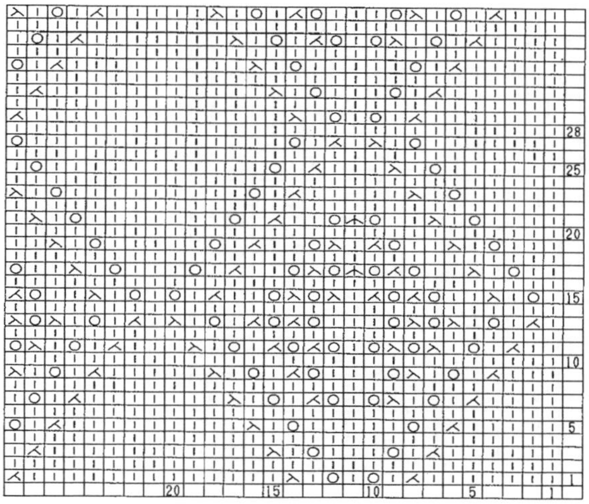

066

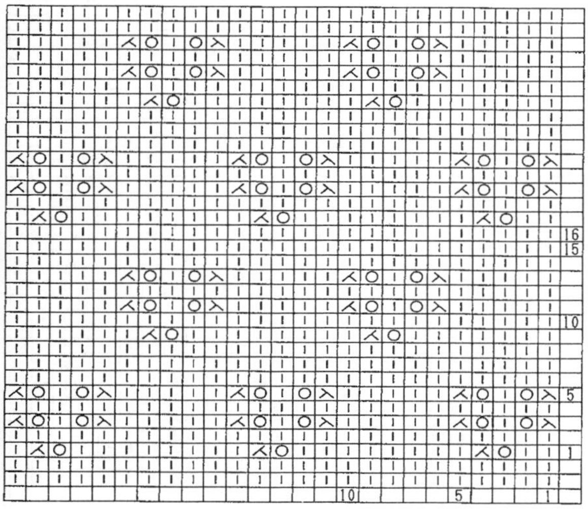

067

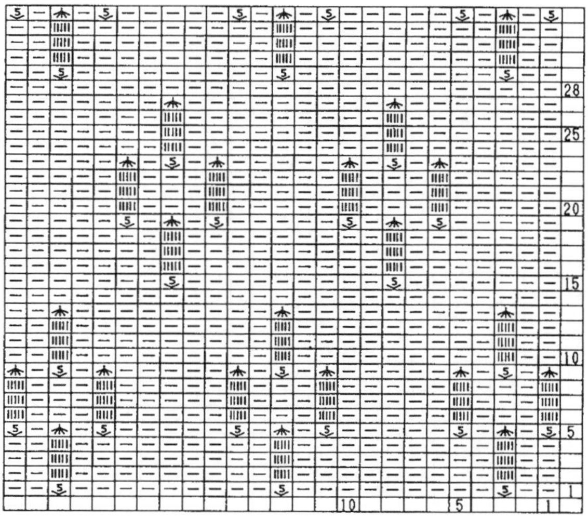

068

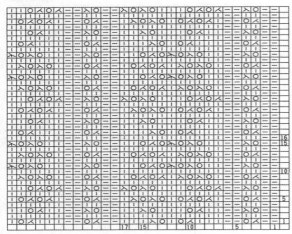

069

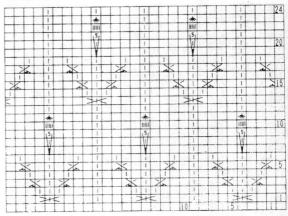

071

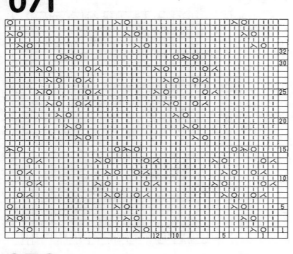

072

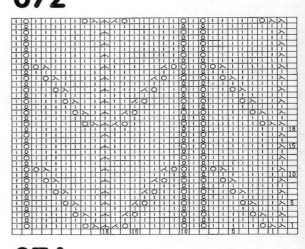

073

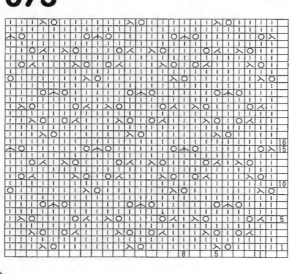

074

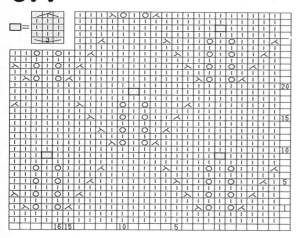

075

076

077

078

079

080

081

082

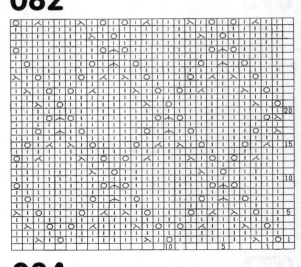

083

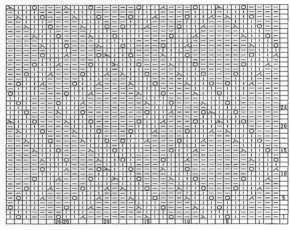

084

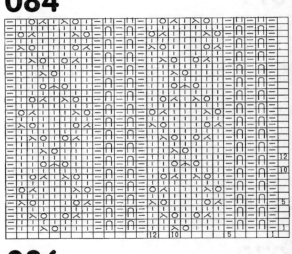

085

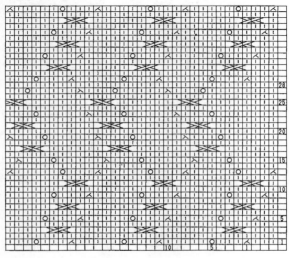

086

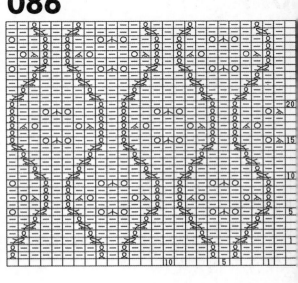

087

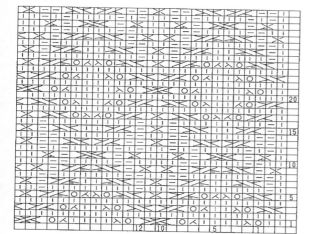

088

089

091

090

中心

□=□

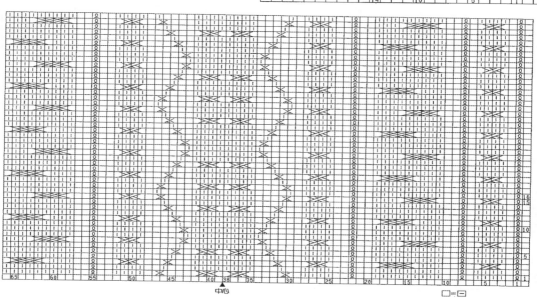

092

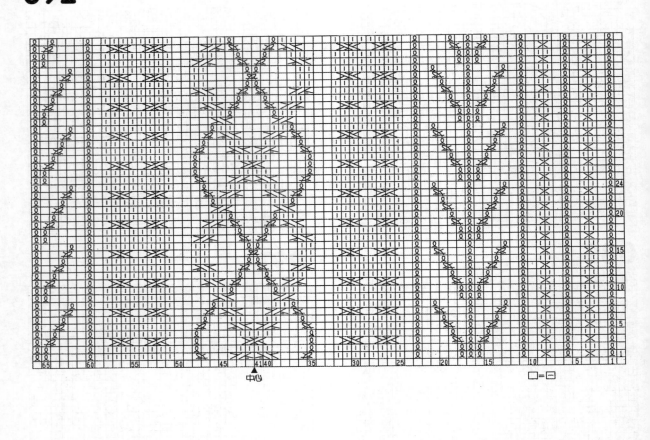

093

094

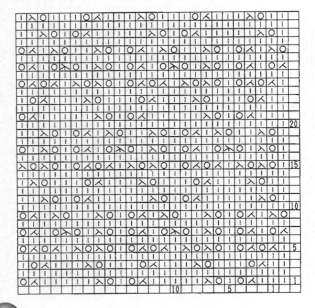

095

096

097

098

099

100

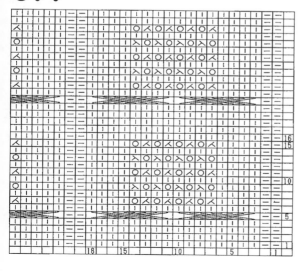

101

102

103

104

105

106

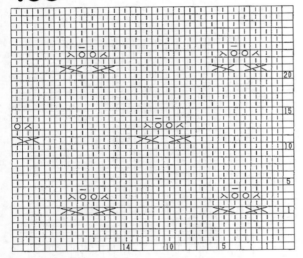

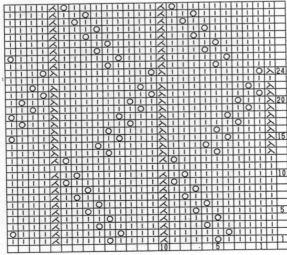

□=□

107

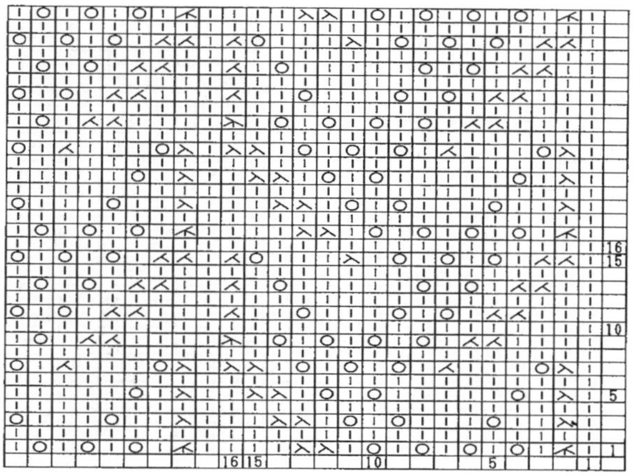

108

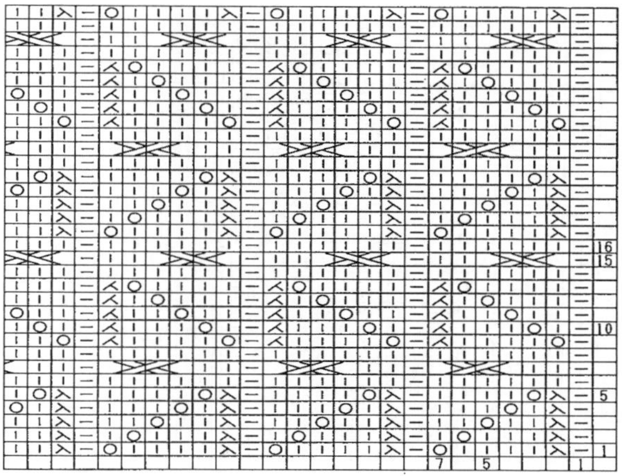

109

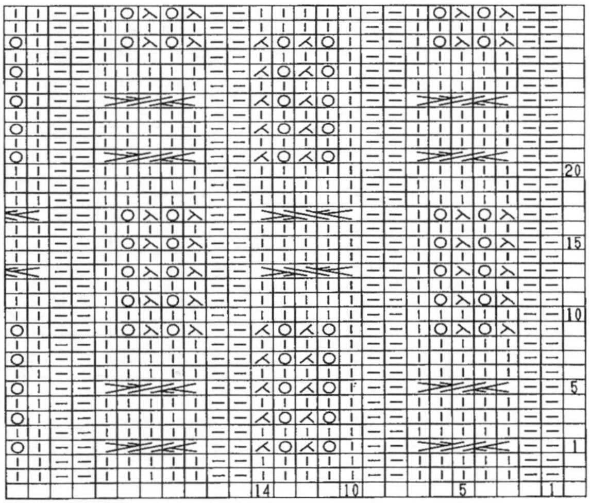

110

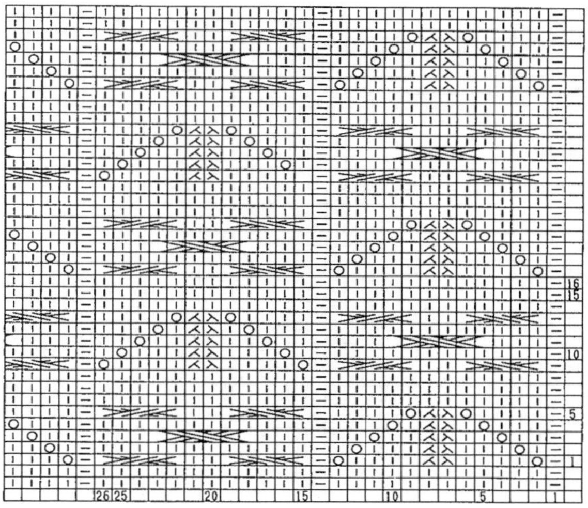

111

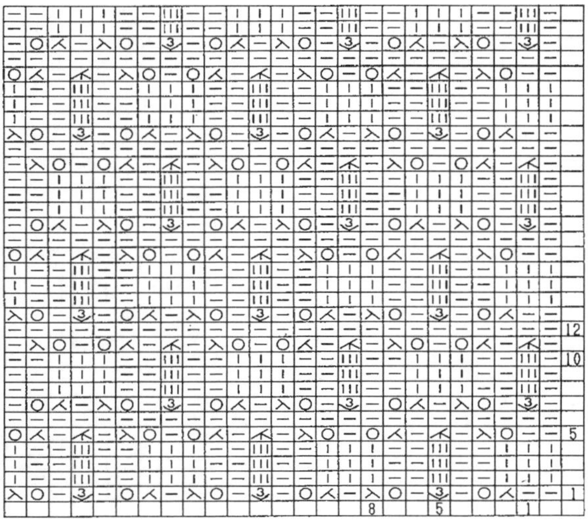

113

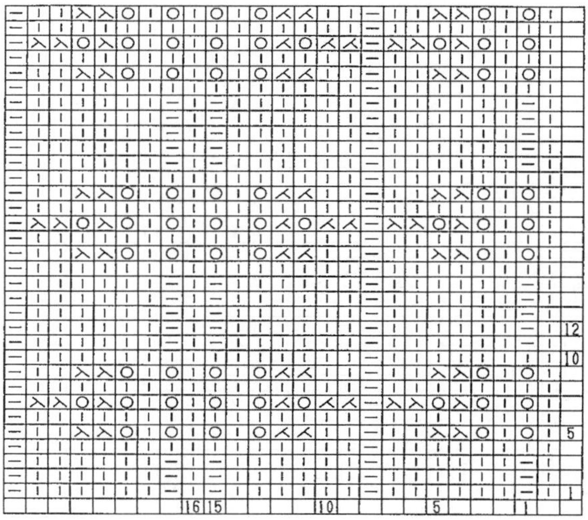

114

115

116

117

118

119

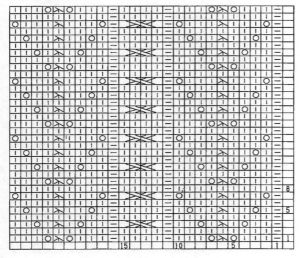

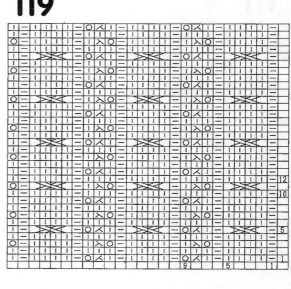

120

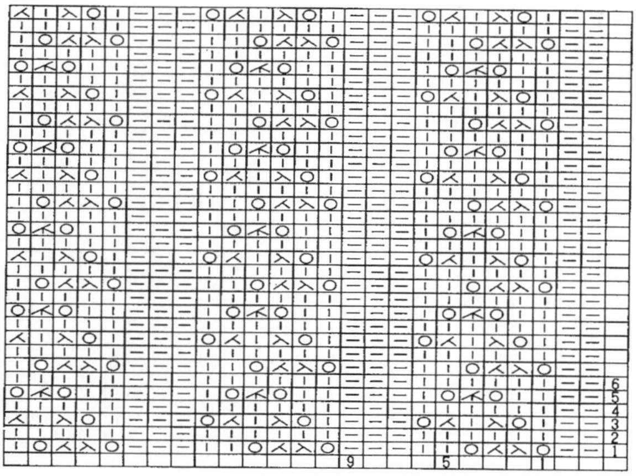

121

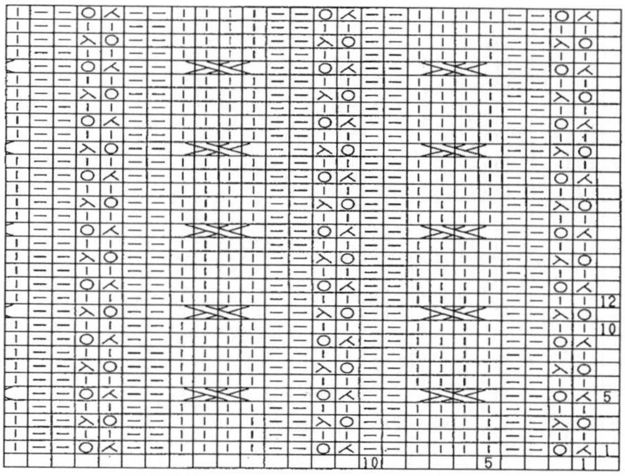

122

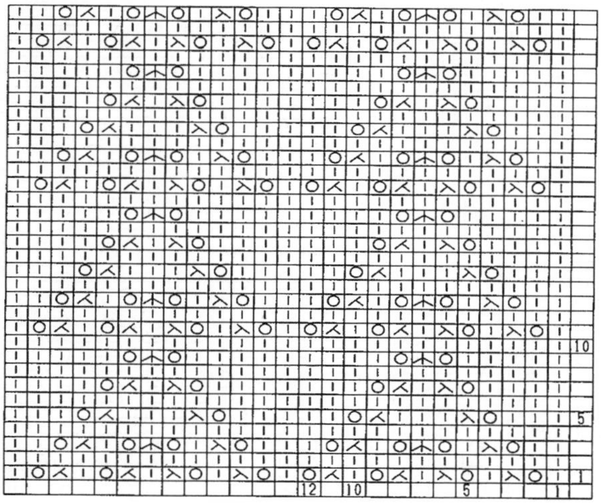

123

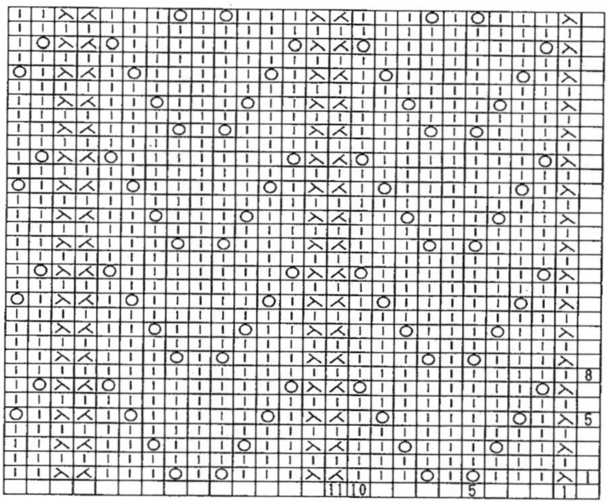

124

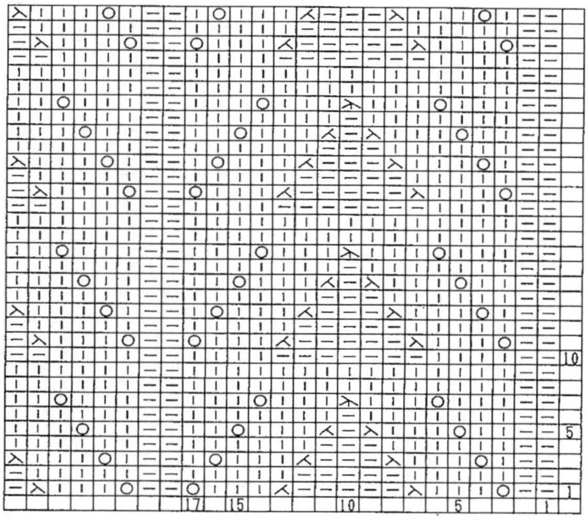

125

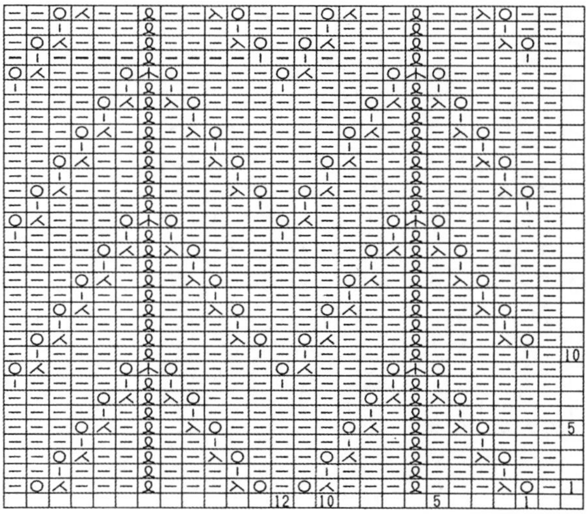

126

127

128

129

130

131

133

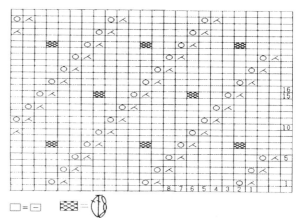

134

□ = □   ▨ = ⟨⟩

135

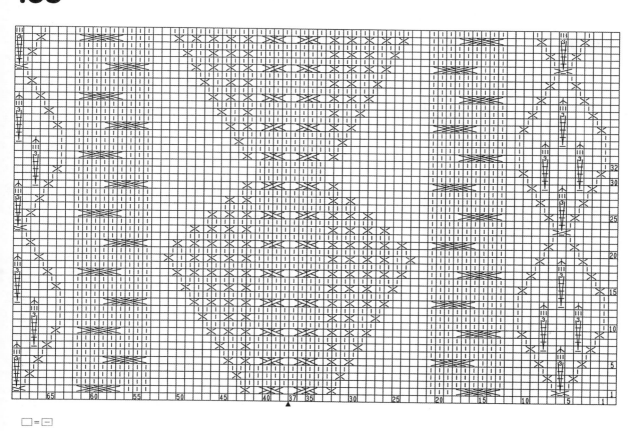

□ = □

136

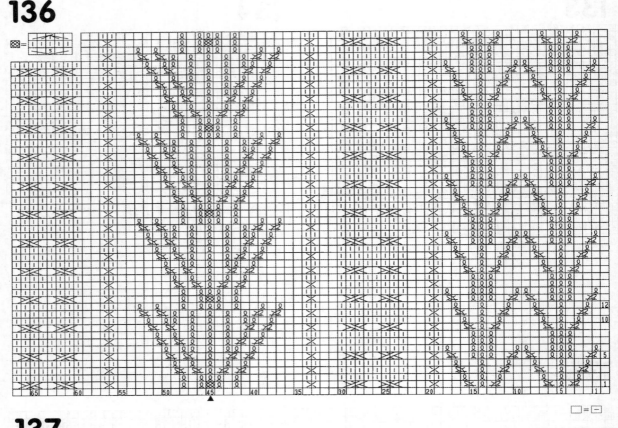

137

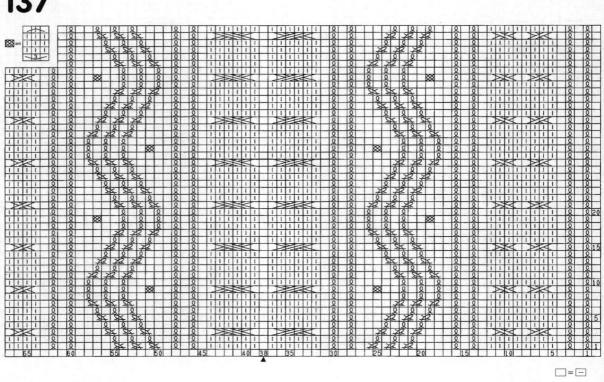

138

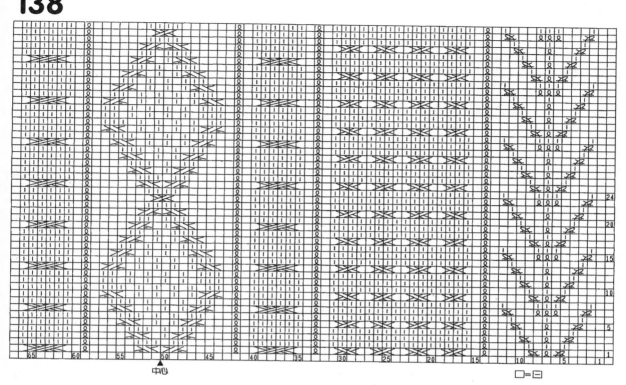

139

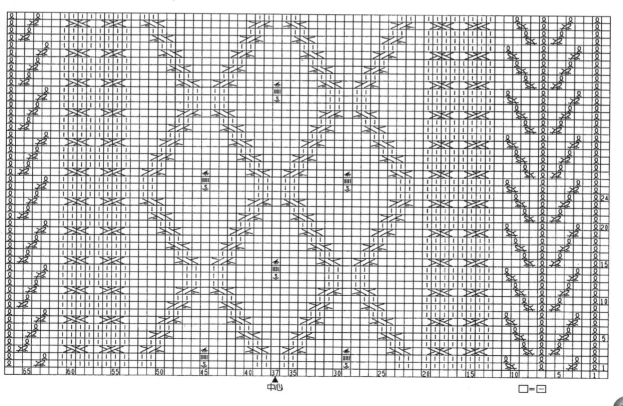

140

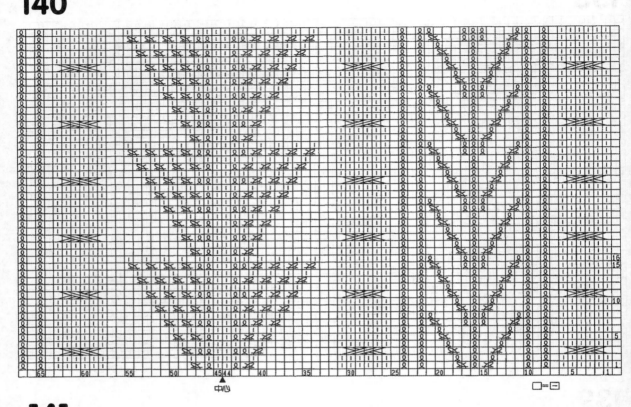

中心

□=□

141

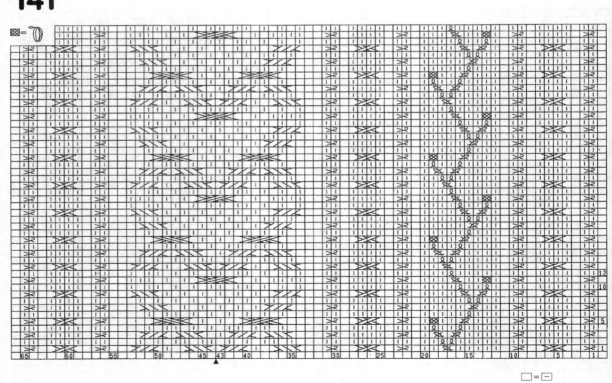

□=□

142

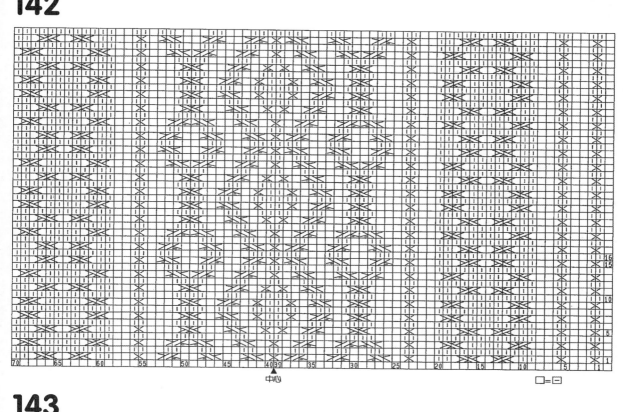

143

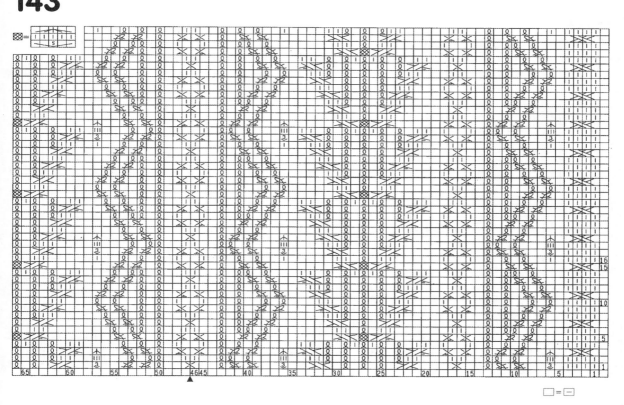

144

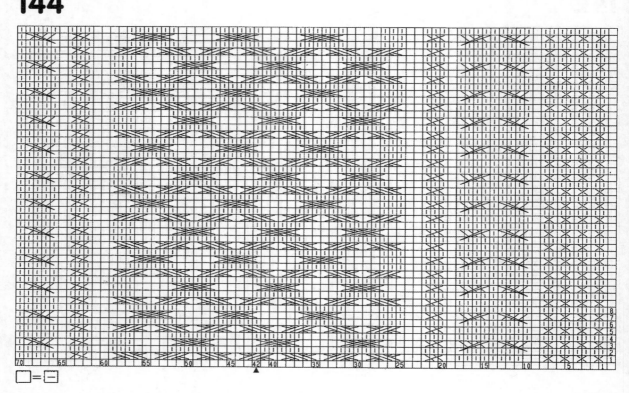

□=[−]

145

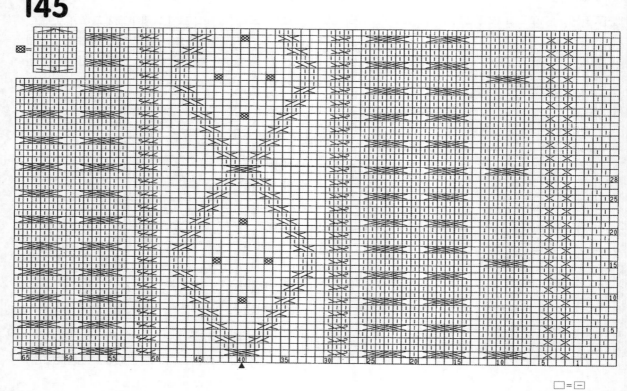

□=[−]

146

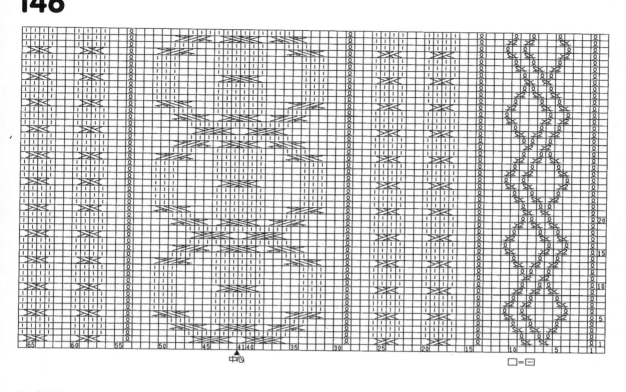

147

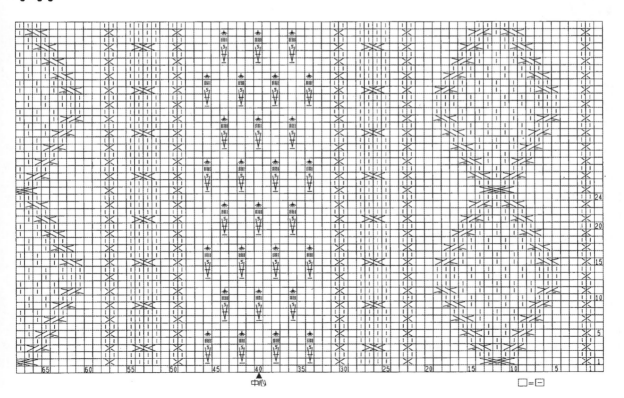

148

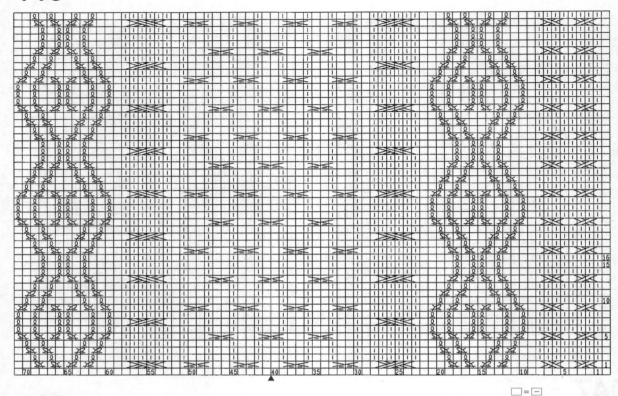

149

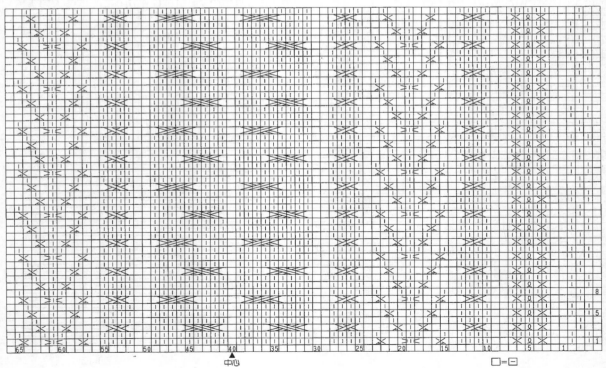

151

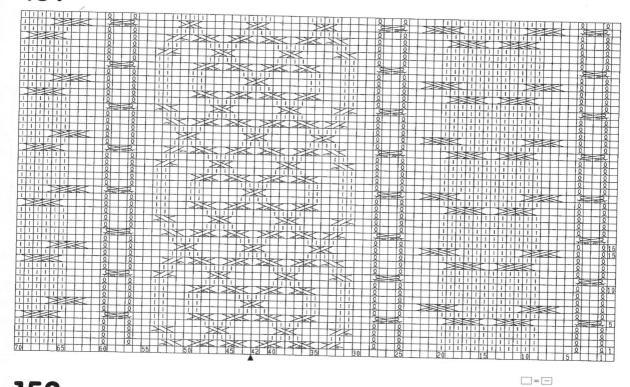

□=□

152

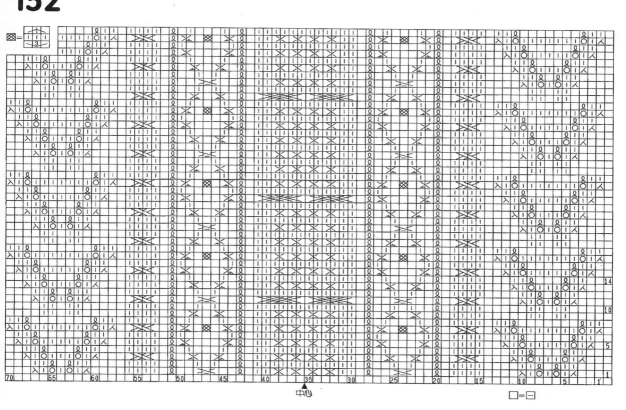

□=□

153

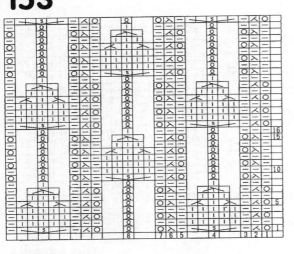

154

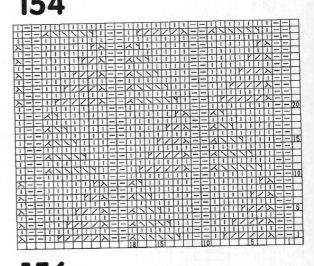

155

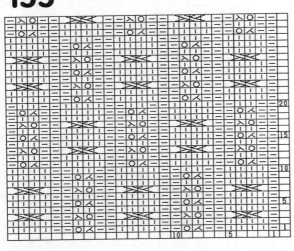

156

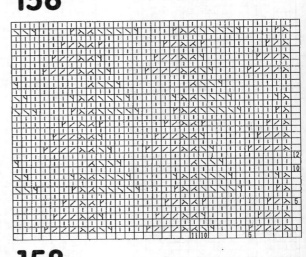

157

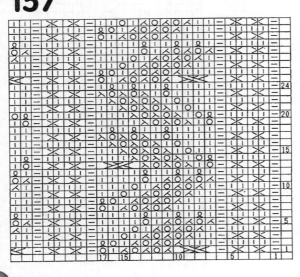

158

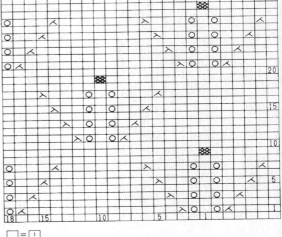

□ = | |

159

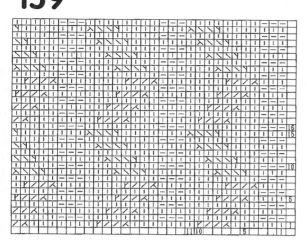

160

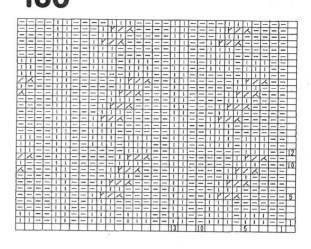

161

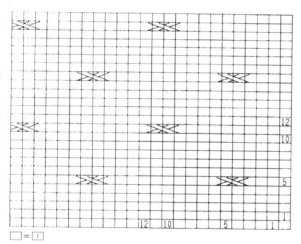

□ = □

162

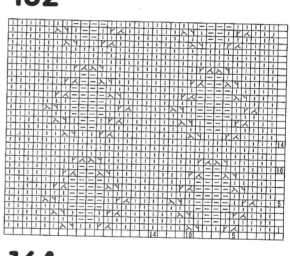

163

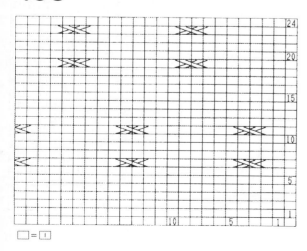

□ = □

164

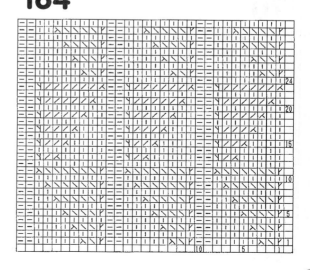

165

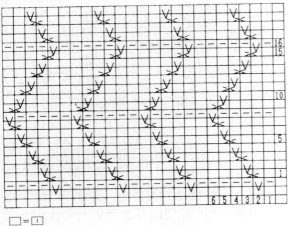

□=□

166

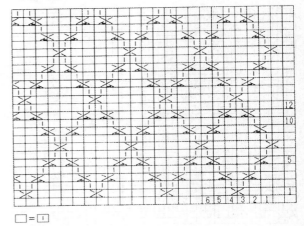

□=□

167

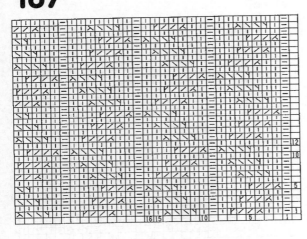

168

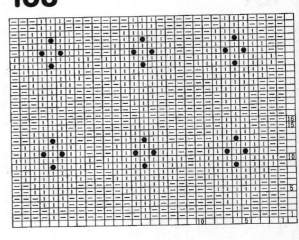

170

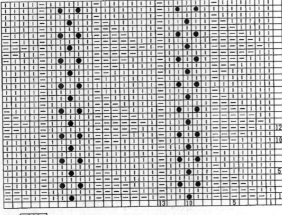

●=

171

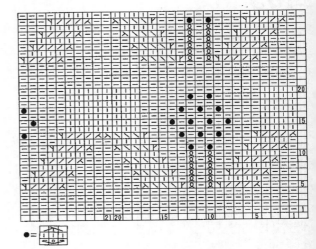

●=

172

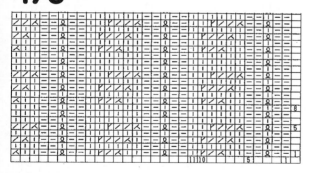

173

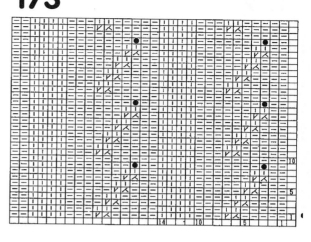

174

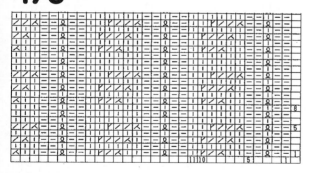

175

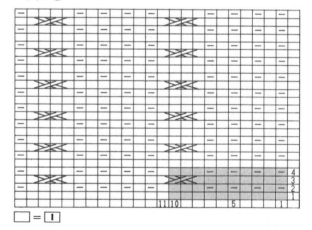

☐ = I

176

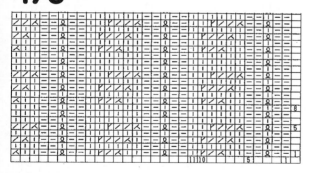

177

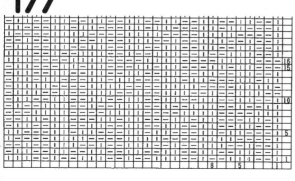

178

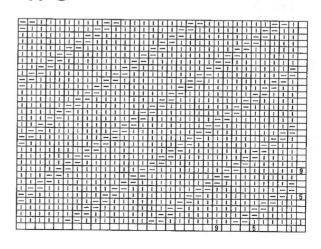

179

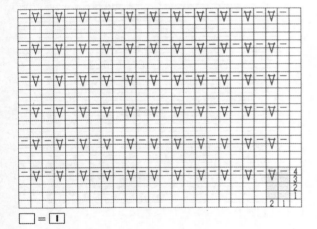

180

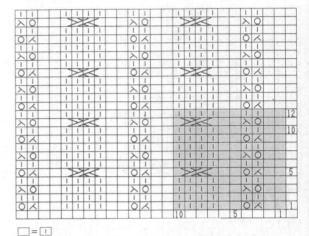

□ = I

181

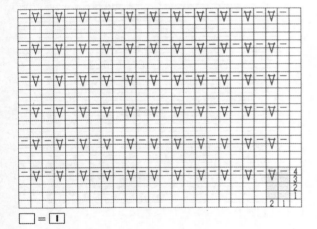

□ = I

182

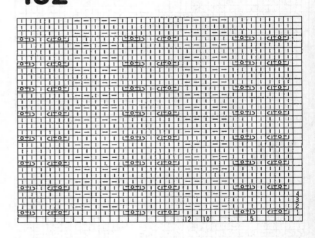

183

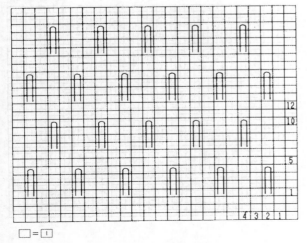

□ = I

184

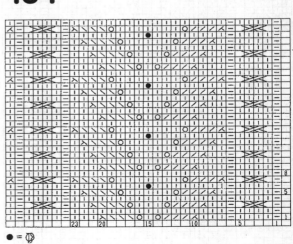

● = ⑰

185

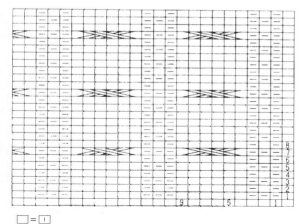

$\square = \boxed{1}$

186

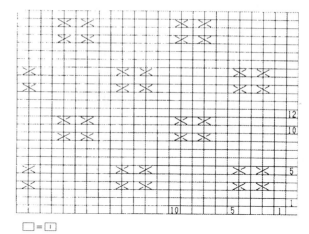

$\square = \boxed{1}$

187

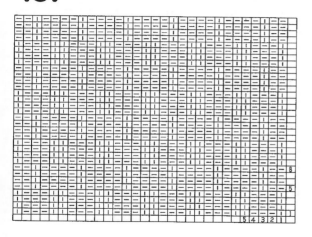

189

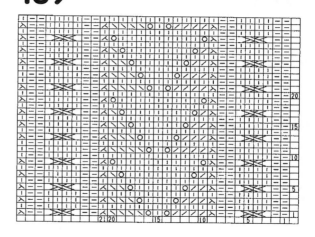

190

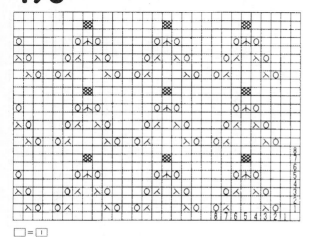

$\square = \boxed{1}$

191

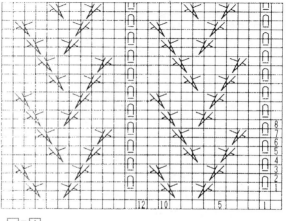

$\square = \boxed{1}$

192

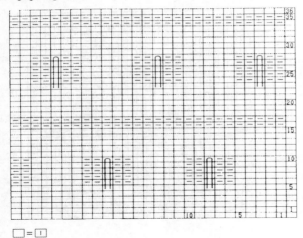

193

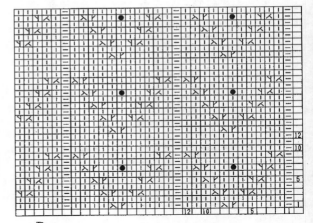

● = 〈〉

194

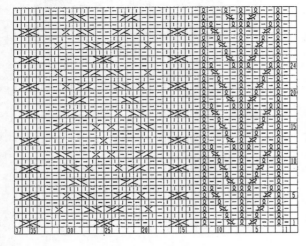

□ = I

195

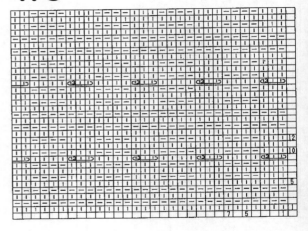

196

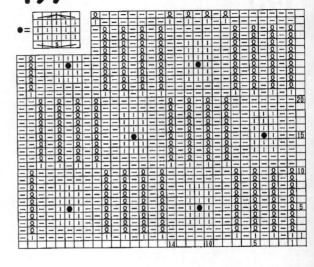

197

198

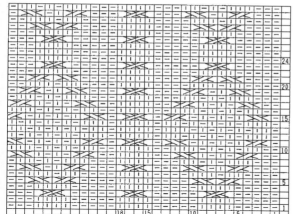

199

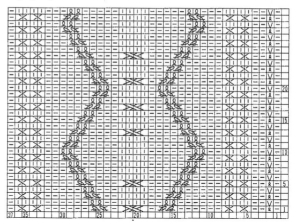

200

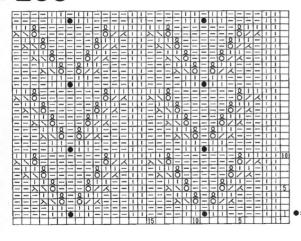

201

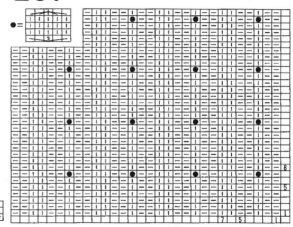

202

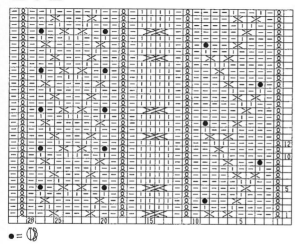

203

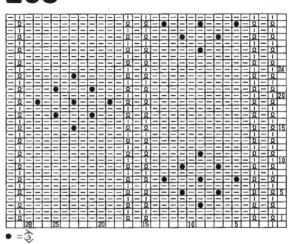

204

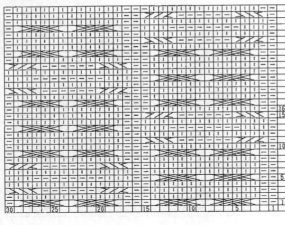

205

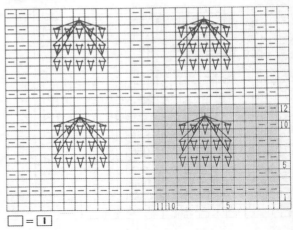

□ = □

206

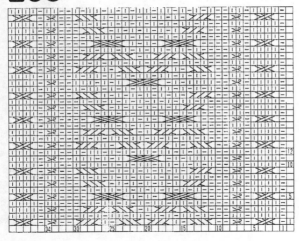

207

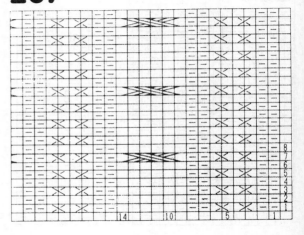

208

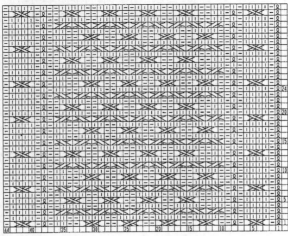

209

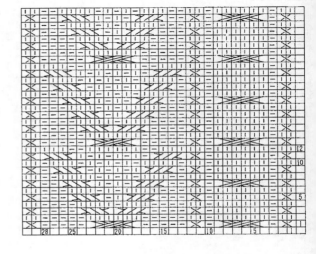

211

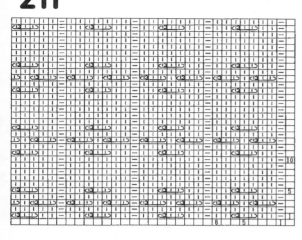

212

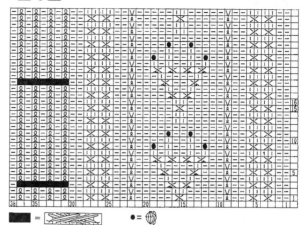

213

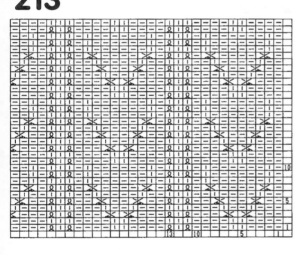

214

215

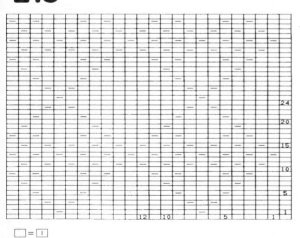

☐ = ☐

216

217

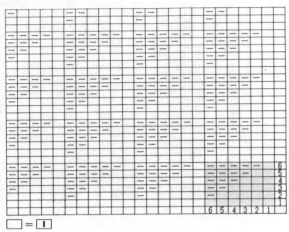

□ = Ⅰ

218

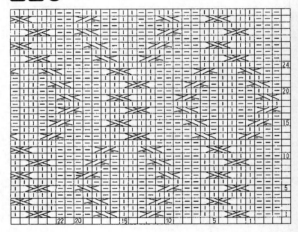

219

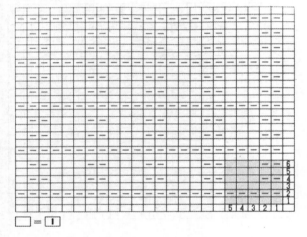

□ = Ⅰ

220

221

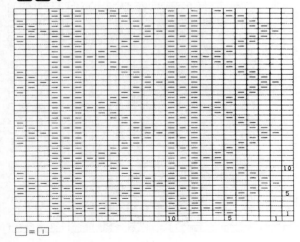

□ = Ⅰ

222

223

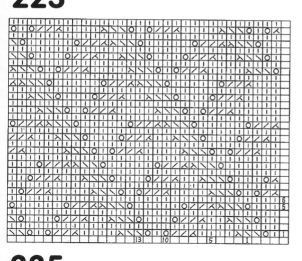

224

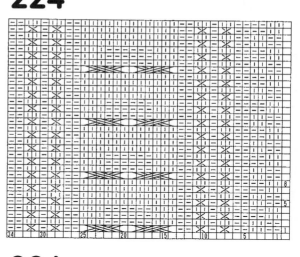

225

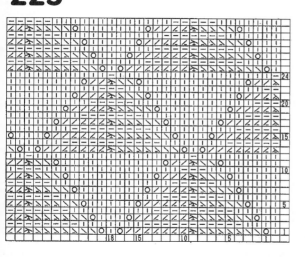

226

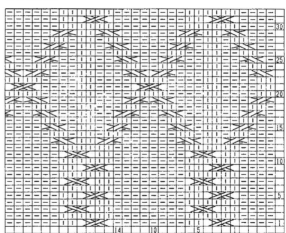

227

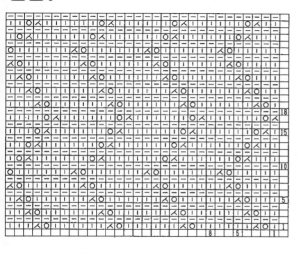

228

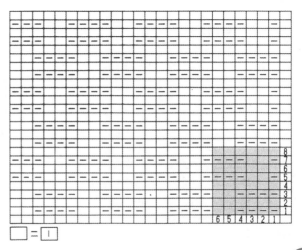

229

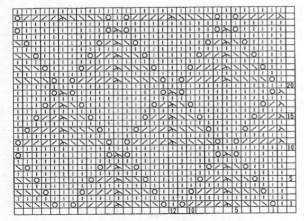

230

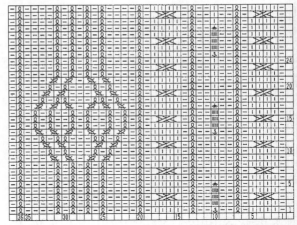

231

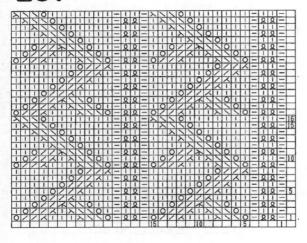

232

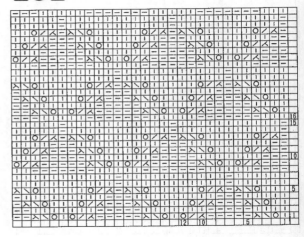

233

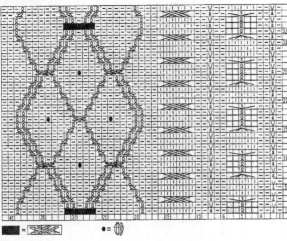

234

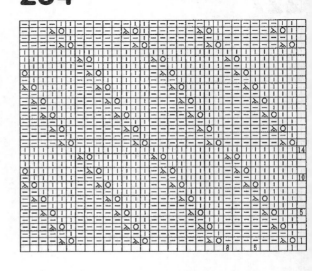

235

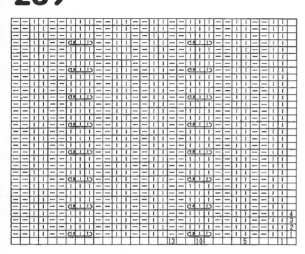

236

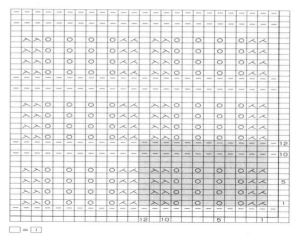

237

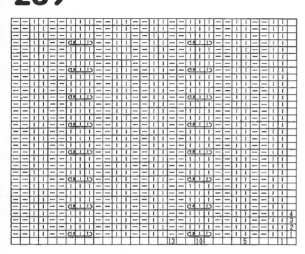

238

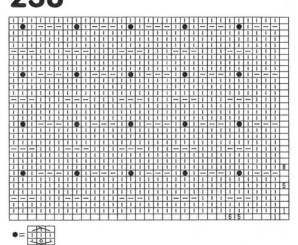

239

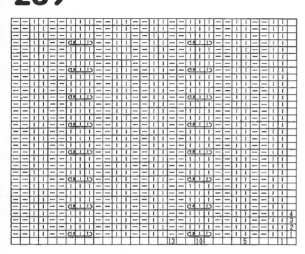

240

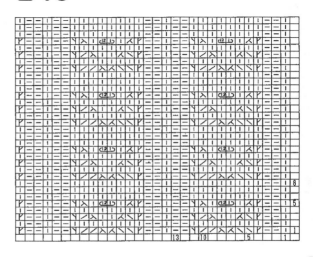

241

242

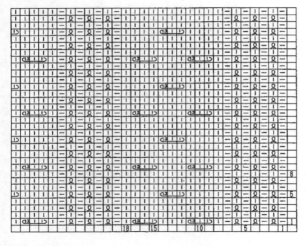

243

244

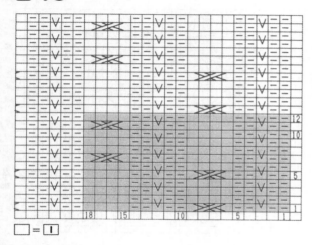

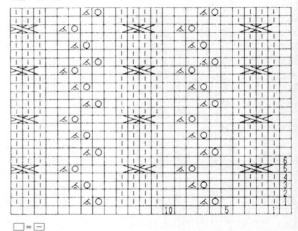

□ = □

245

246

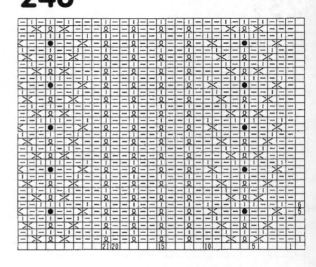

□ = I

247

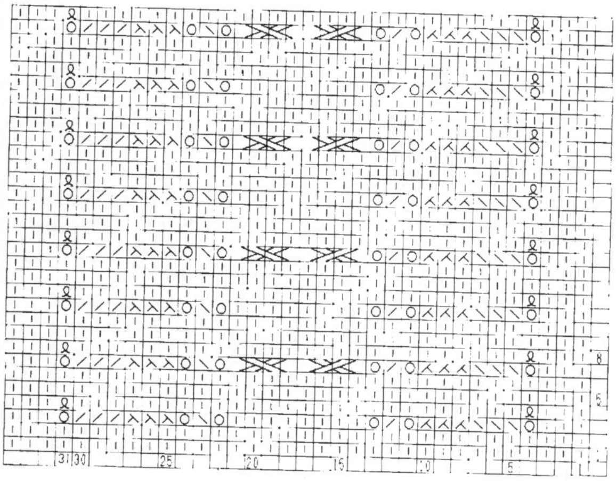

248

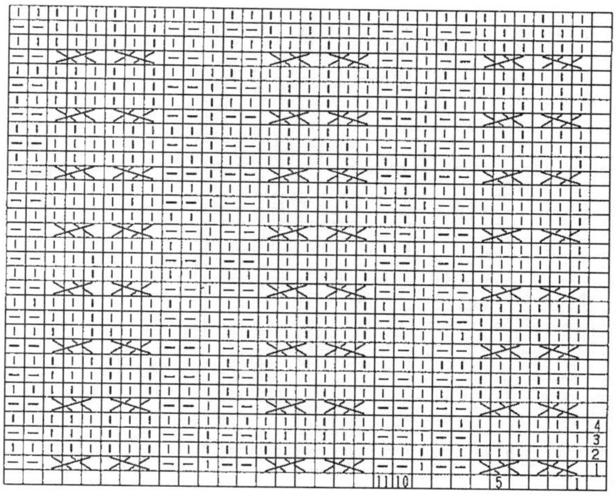

249

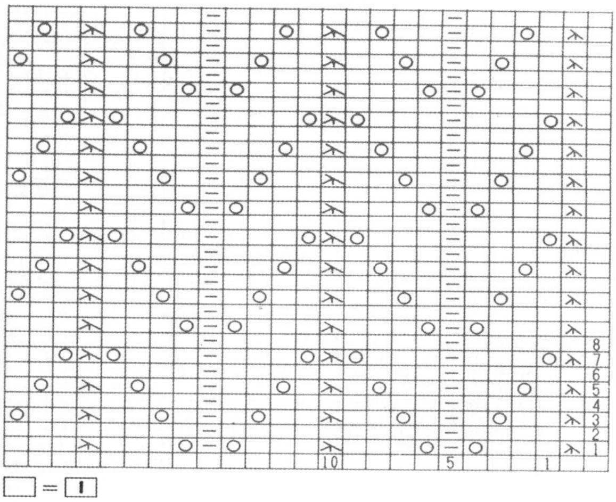

250

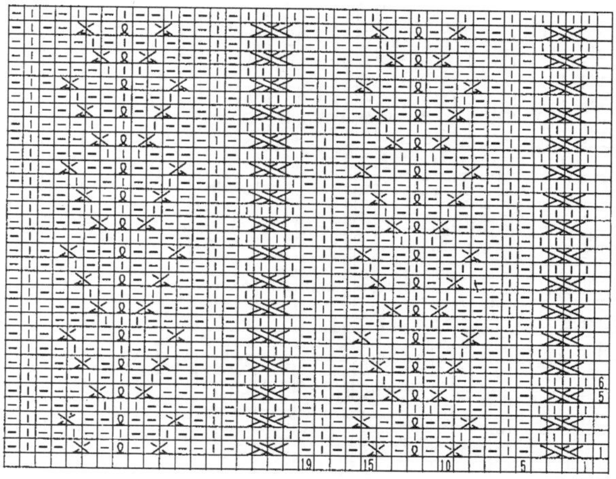

251

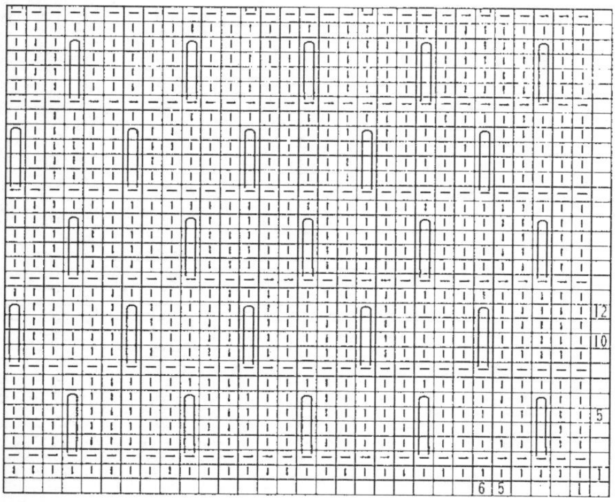

252

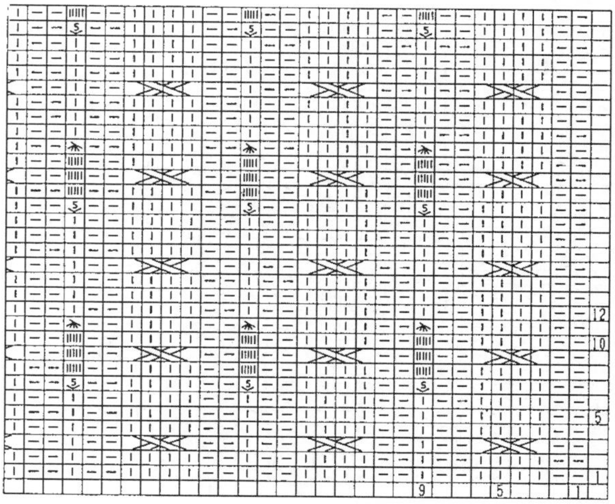

253

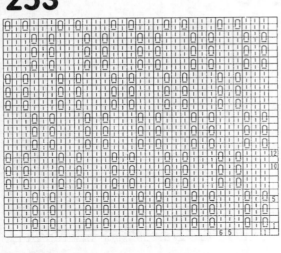

254

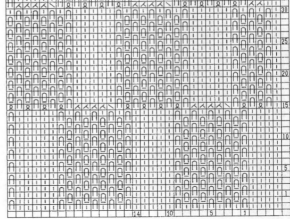

255

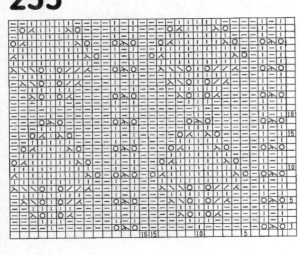

256

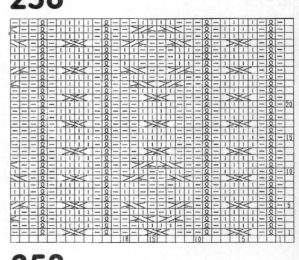

257

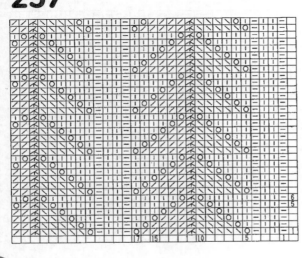

258

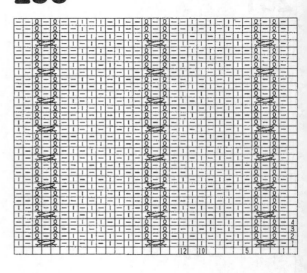

259

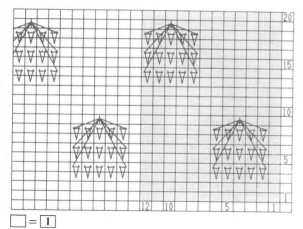

260

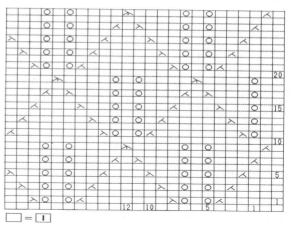

261

262

263

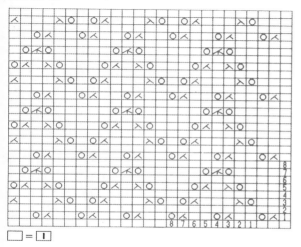

264

265

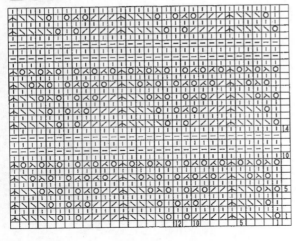

266

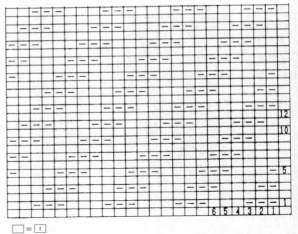

267

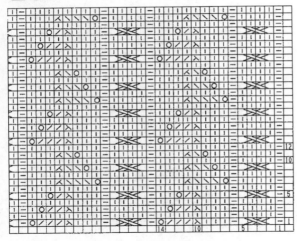

268

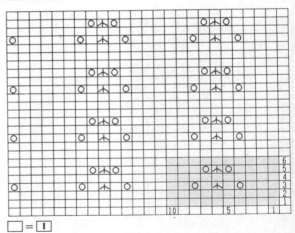

269

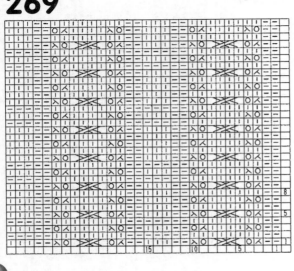

270

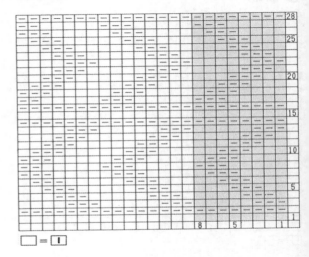

271

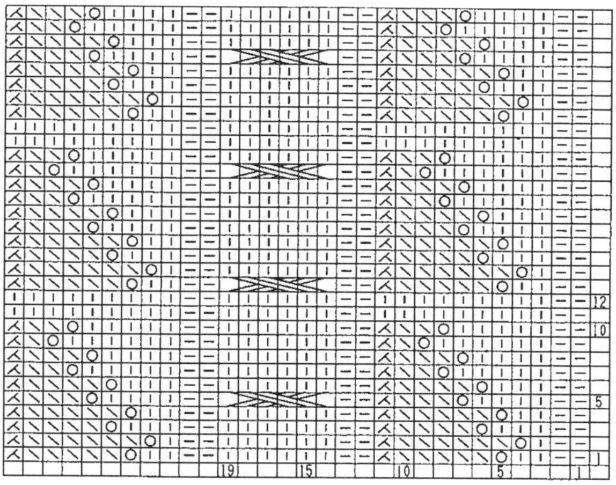

272

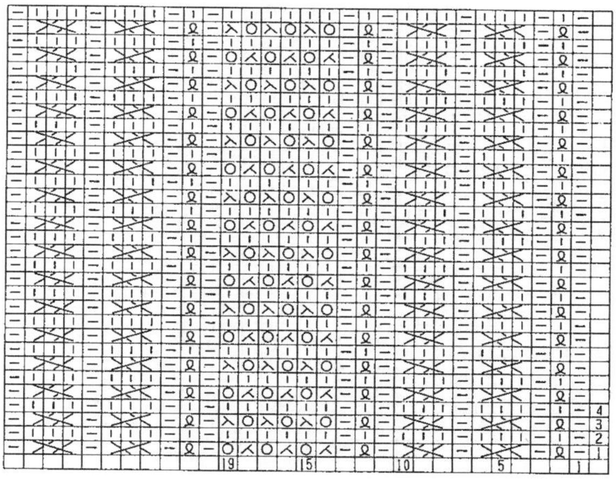

273

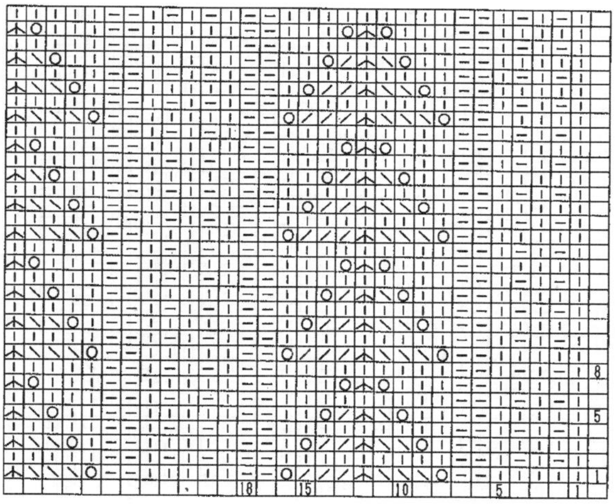

274

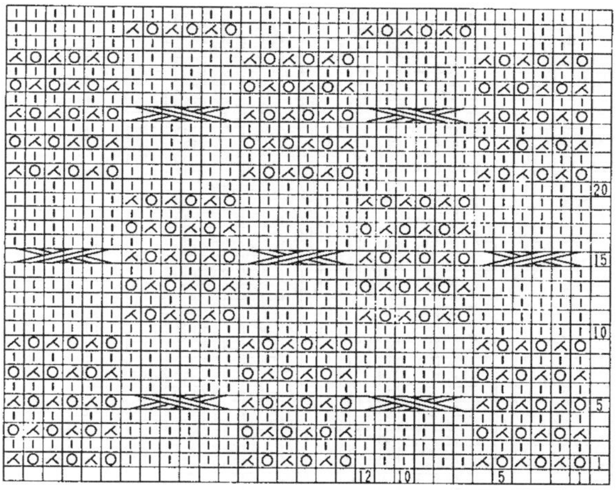

275

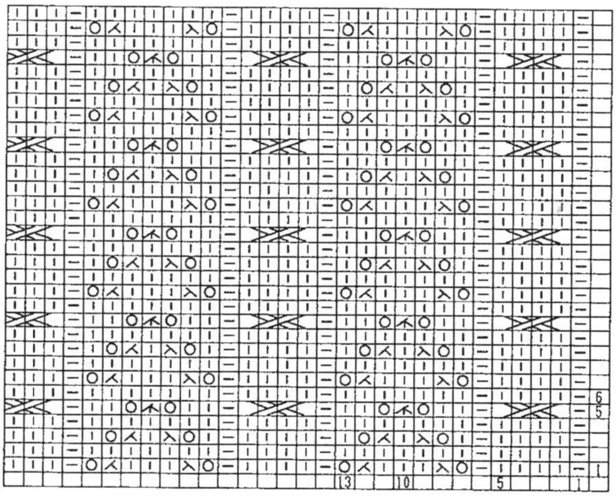

276

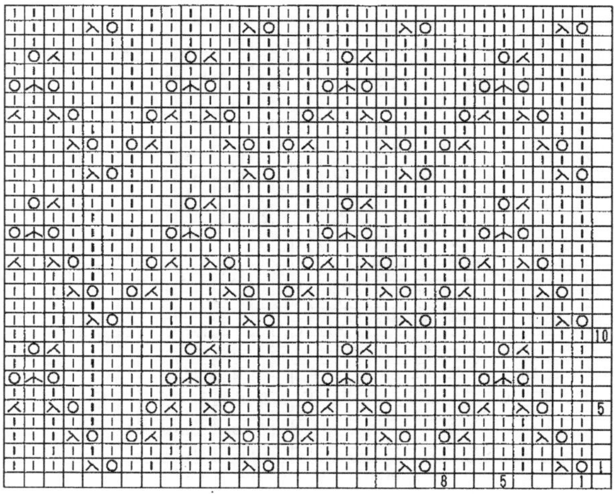

277

278

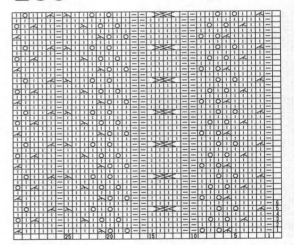

279

280

281

282

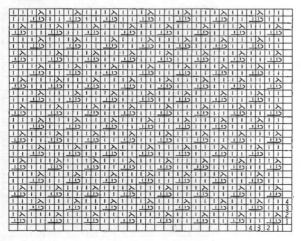

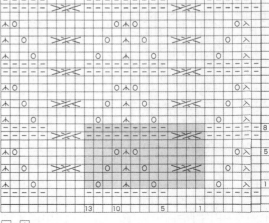

□ = I

283

284

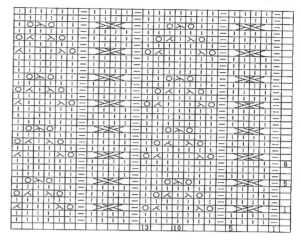

285

286

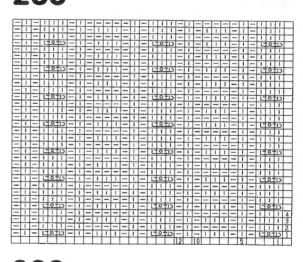

287

288

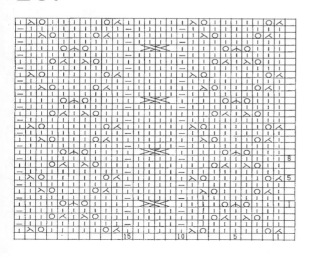

289

290

291

292

293

294

295

296

297

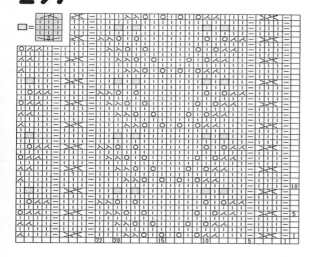

298

299

300

301

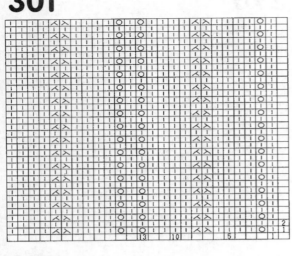

302

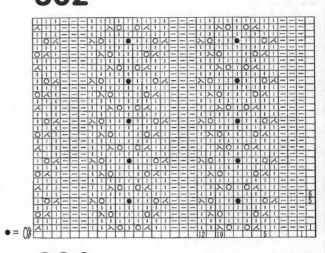

● = ⊘⊗

303

304

305

306

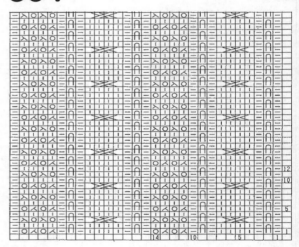

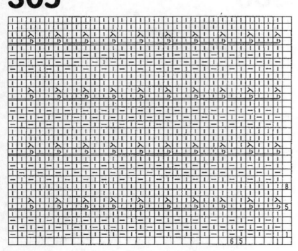

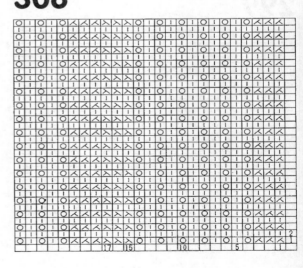

307

308

309

310

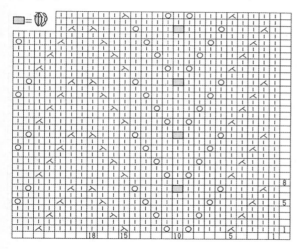

311

312

313

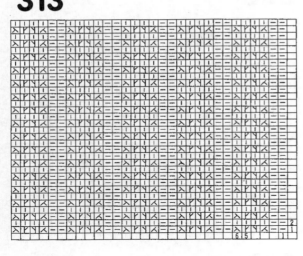

314

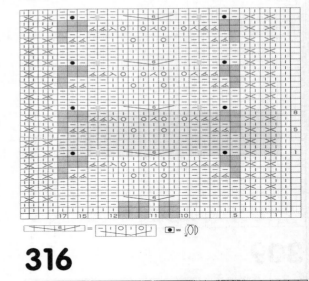

315

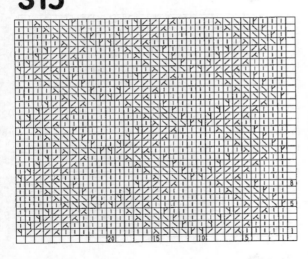

316

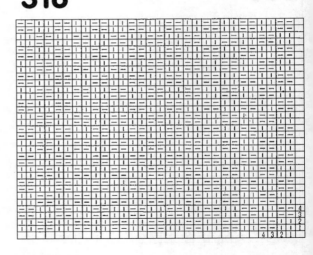

317

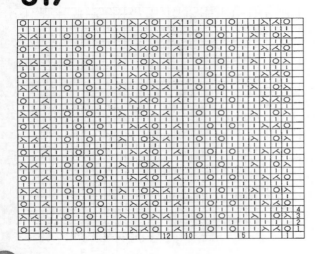

318

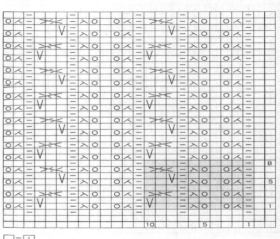

319

320

321

□ = □

322

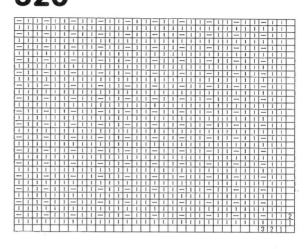

323

324

325

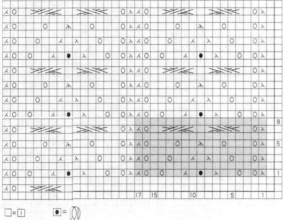

□=□   ●=◑

326

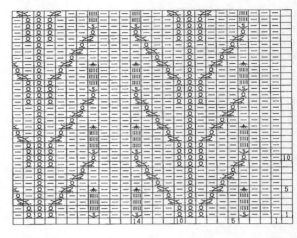

327

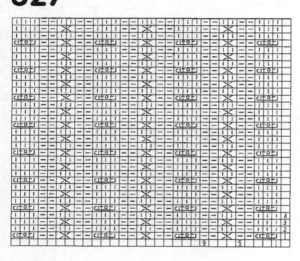

328

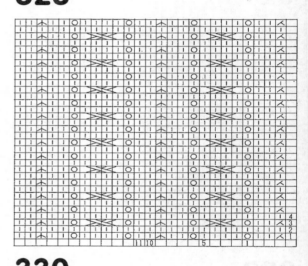

329

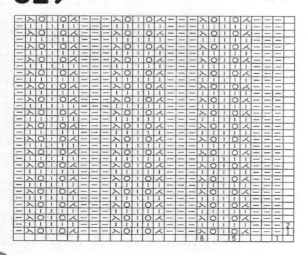

330

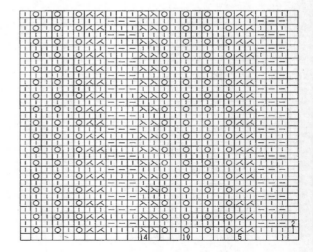

331

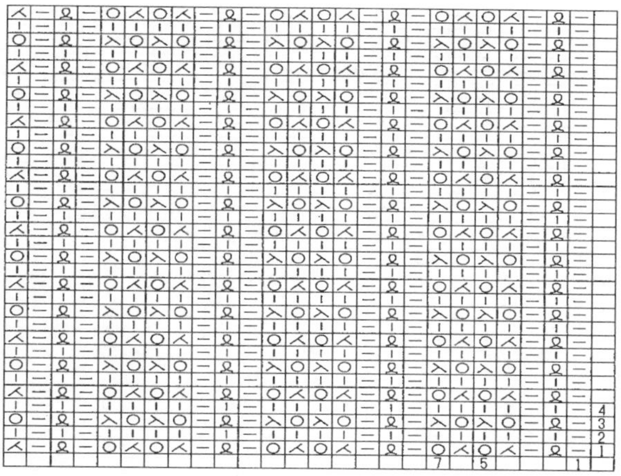

332

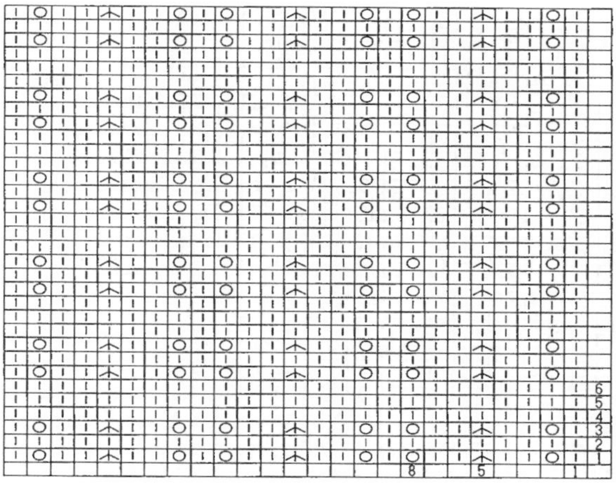

333

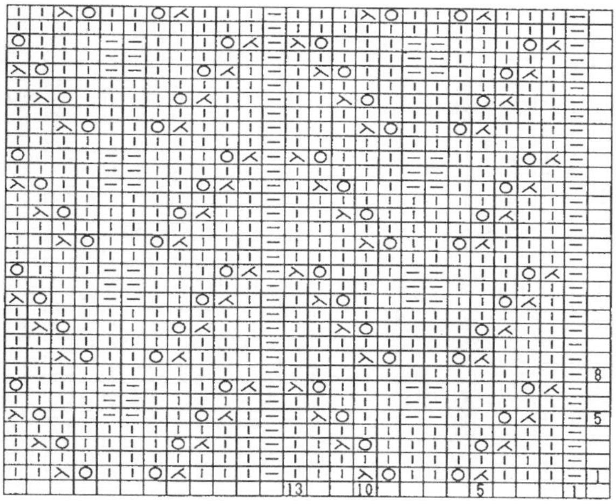

334

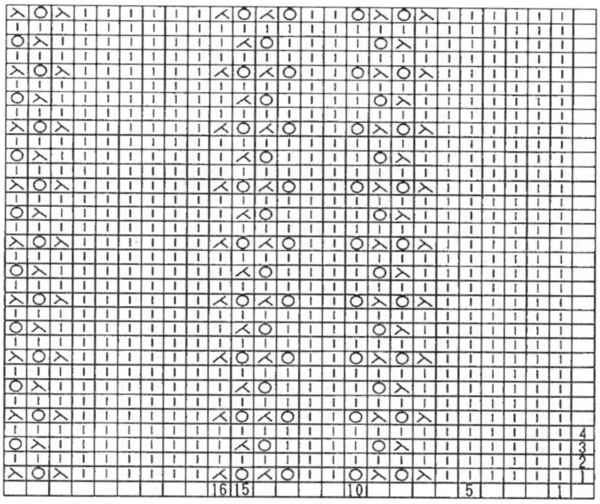

335

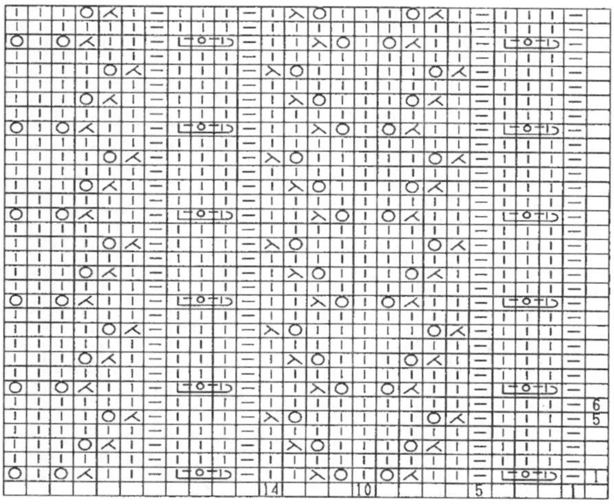

336

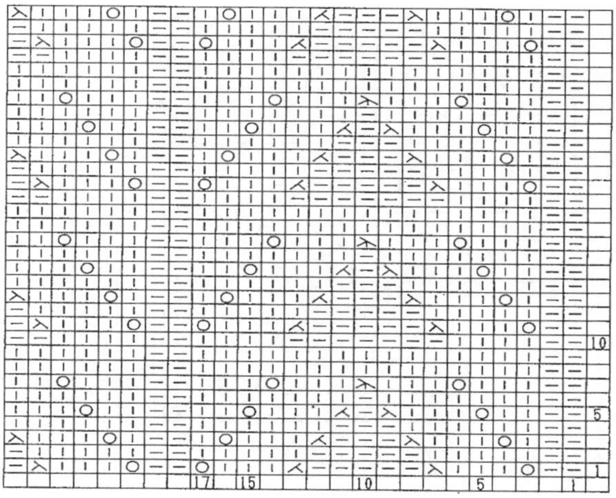

337

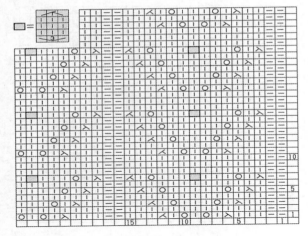

338

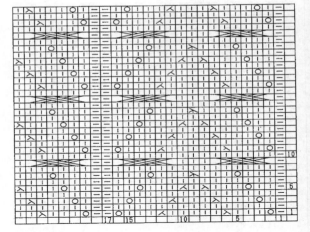

339

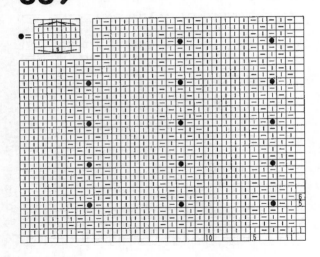

340

341

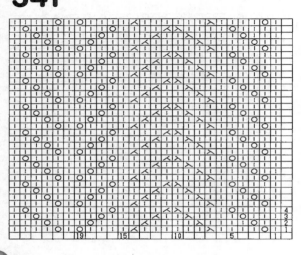

342

343

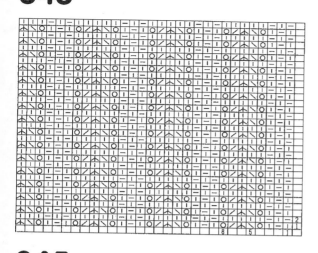

344

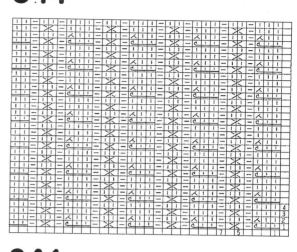

345

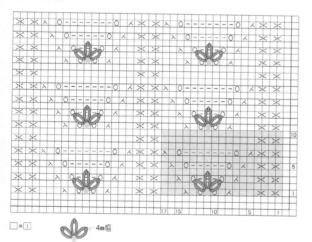

□=□

346

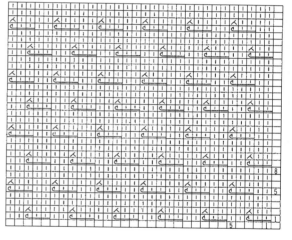

347

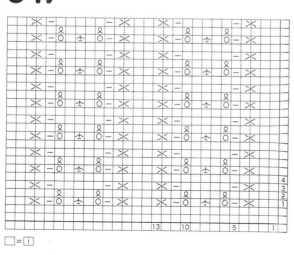

□=□

349

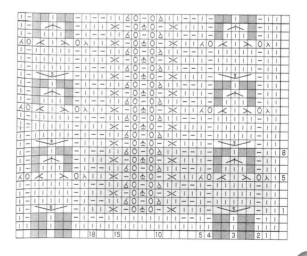

350

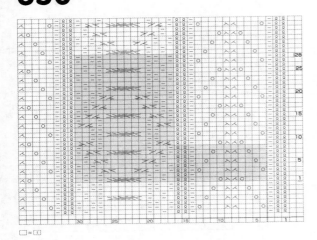

□ = □

351

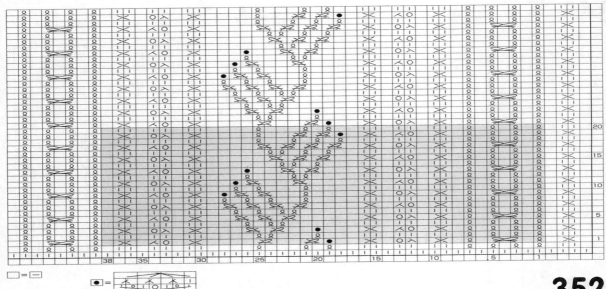

□ = □

● =

352

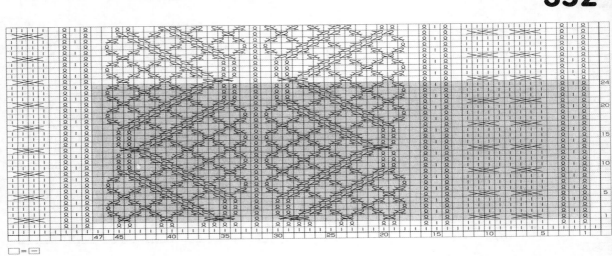

□ = □

353

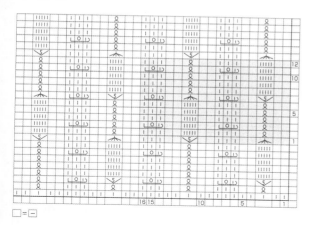

□ = □

354

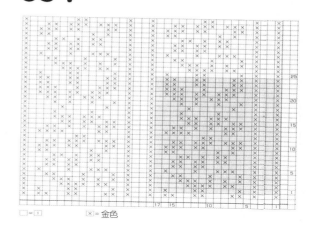

□ = □   ⊠ = 金色

355

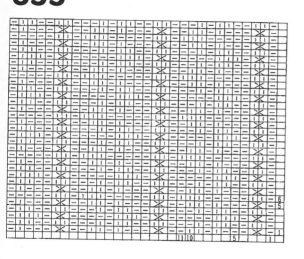

356

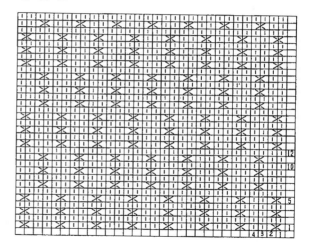

357

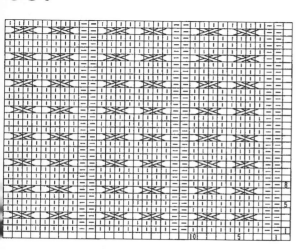

358

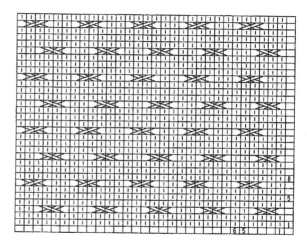

359

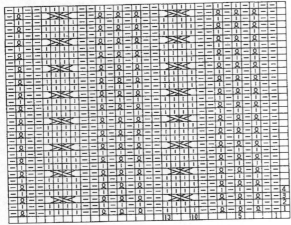

360

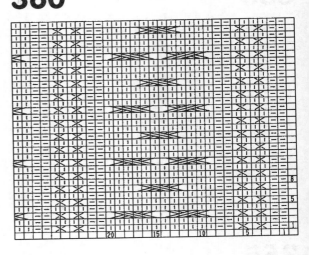

361

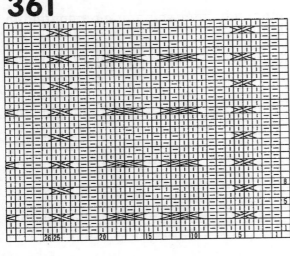

362

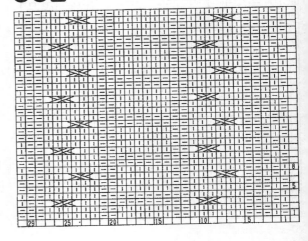

363

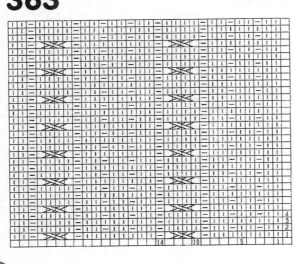

364

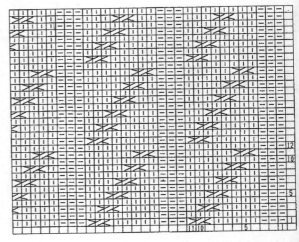

365

366

367

368

369

370

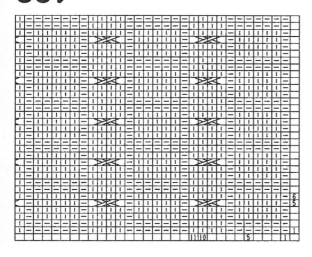

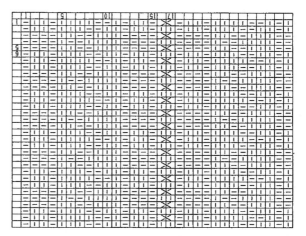

371

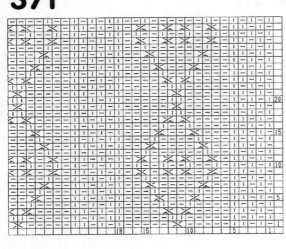

372

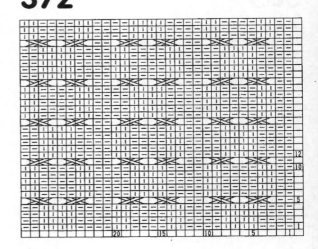

373

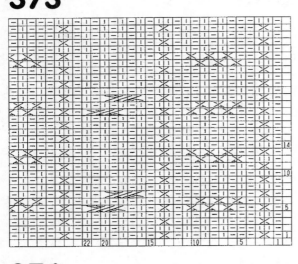

374

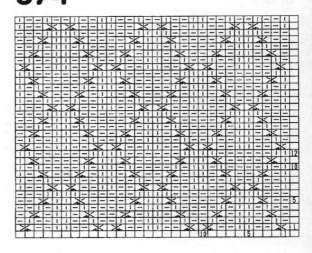

376

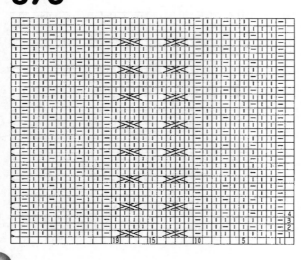

377

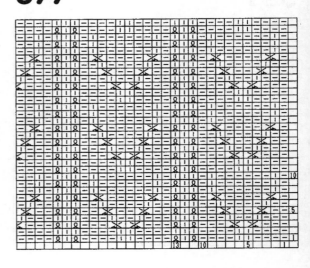

378

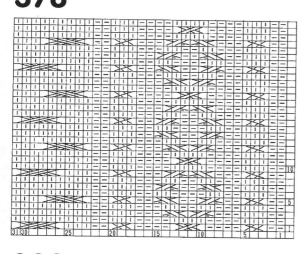

379

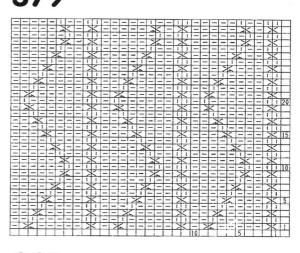

380

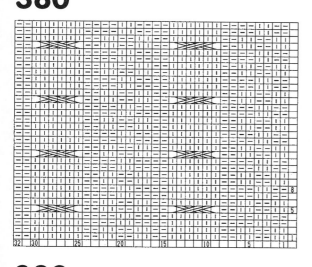

381

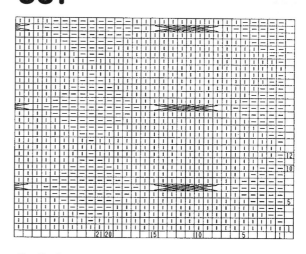

382

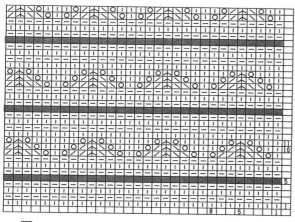

383

384

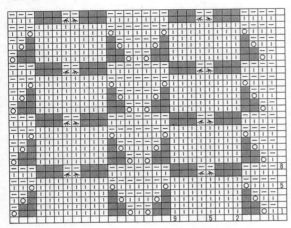

385

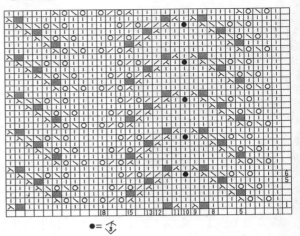

$\bullet = \uparrow\!\!\!\!\overset{}{3}$

386

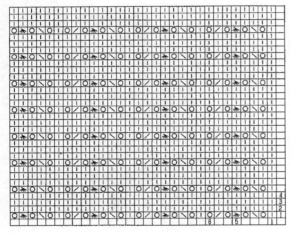

387

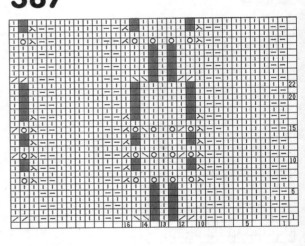

388

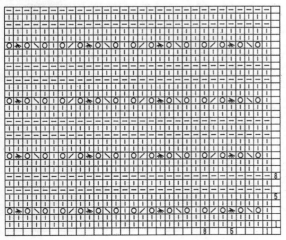

389

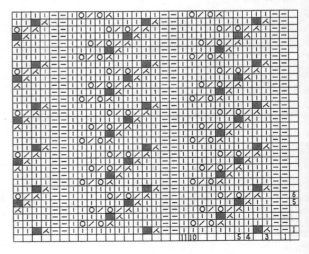

390

391

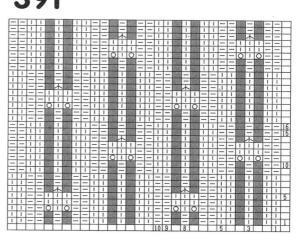

392

393

394

395

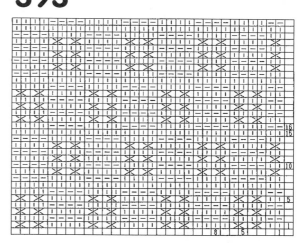

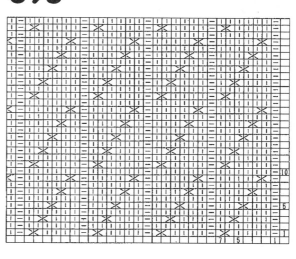

396

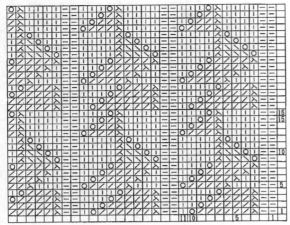

397

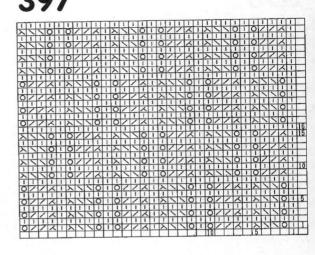

398

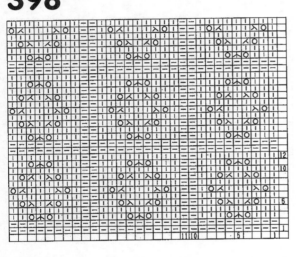

399

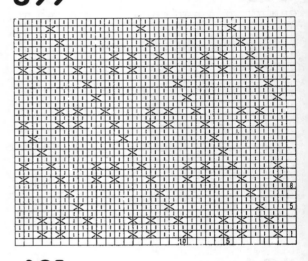

400

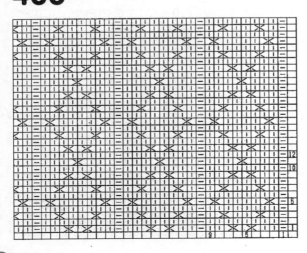

401

403

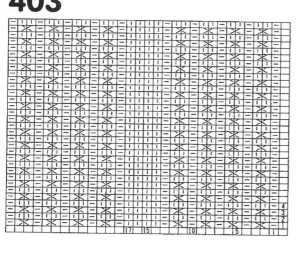

404

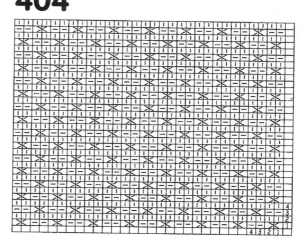

405

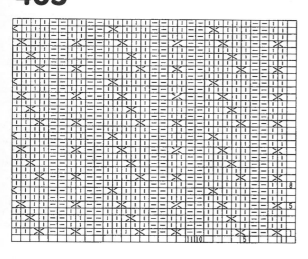

406

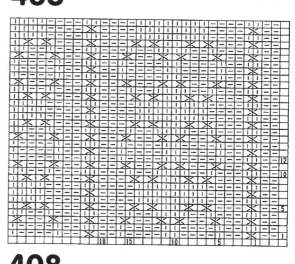

407

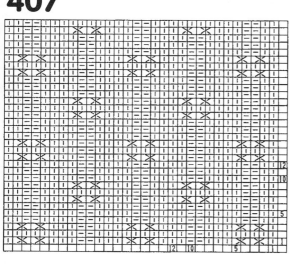

408

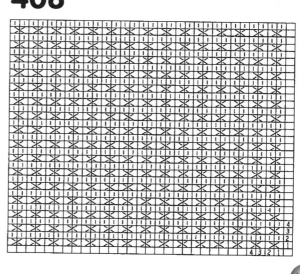

409

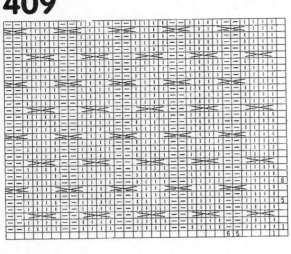

410

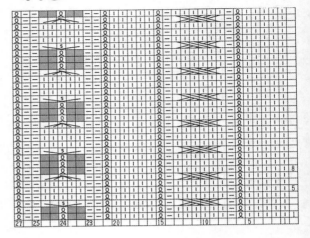

411

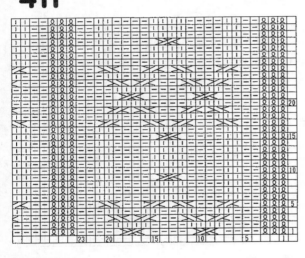

412

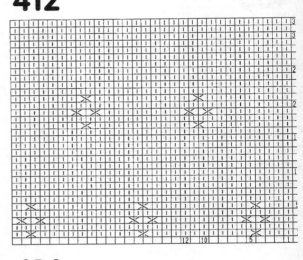

413

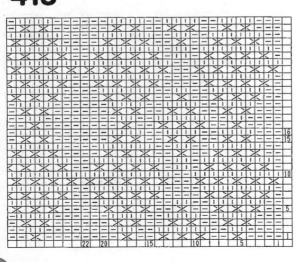

414

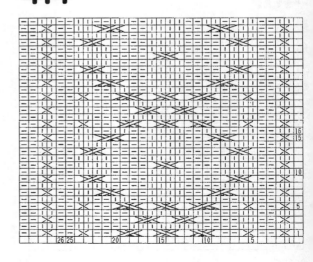

415

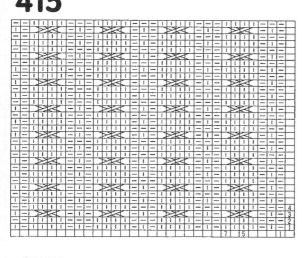

416

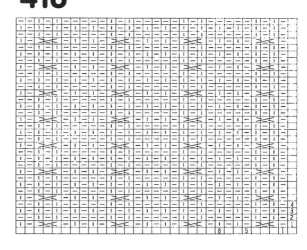

417

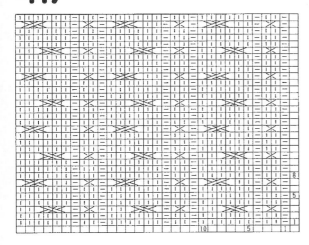

418

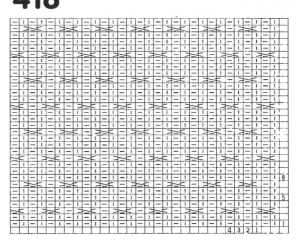

419

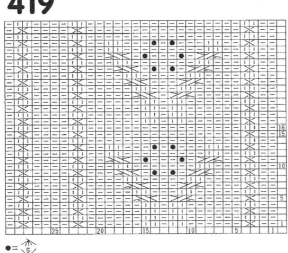

●=⤒⑤

420

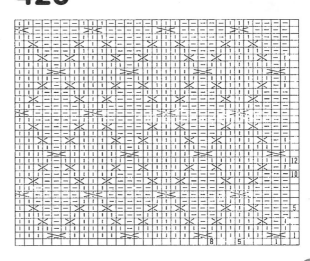

421

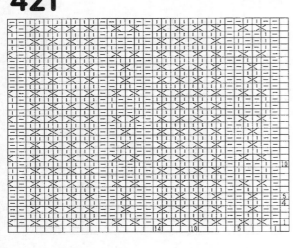

422

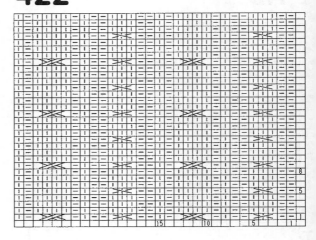

423

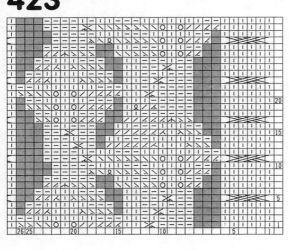

424

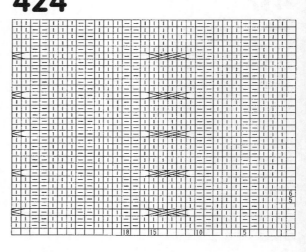

425

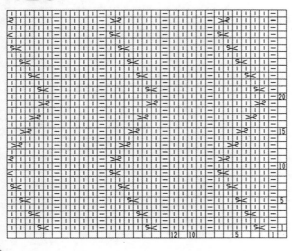

426

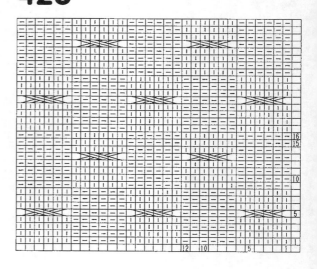

427

428

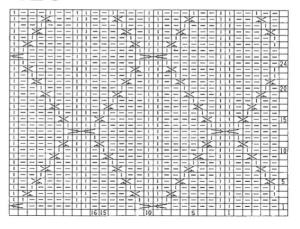

430

431

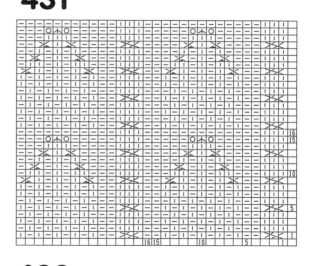

432

433

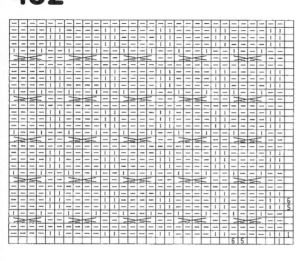

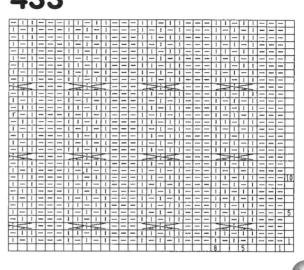

434

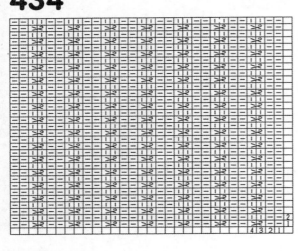

435

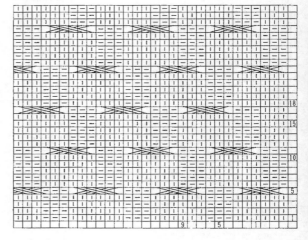

436

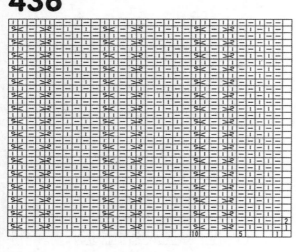

437

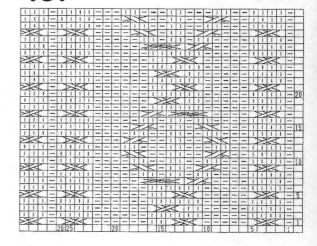

438

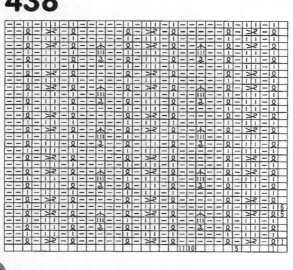

439

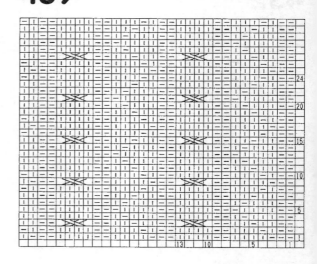

440

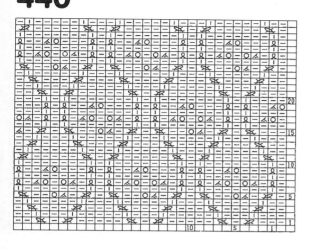

441

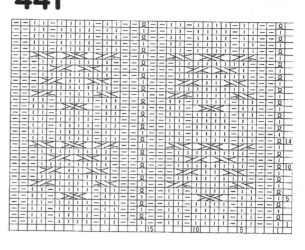

442

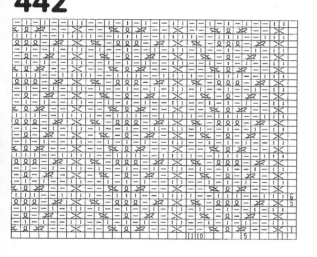

443

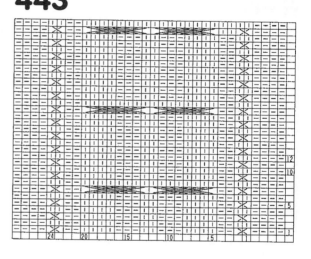

444

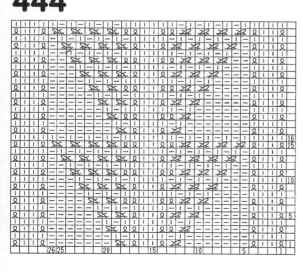

445

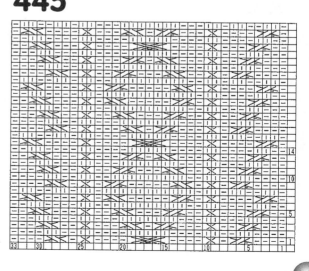

446

447

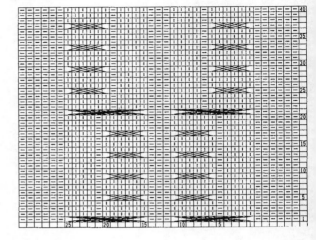

448

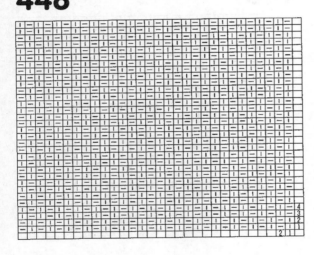

449

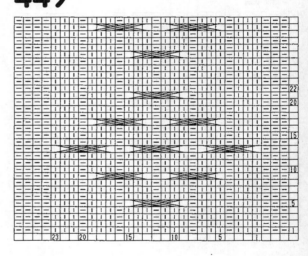

450

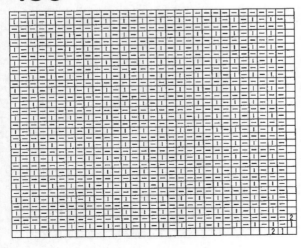

451

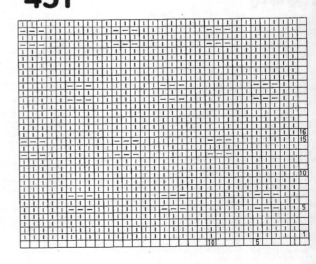

452

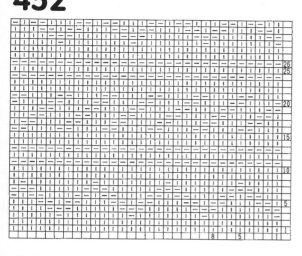

453

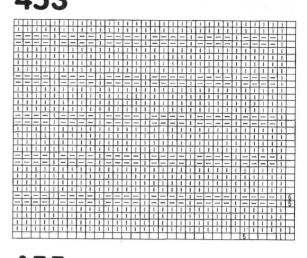

454

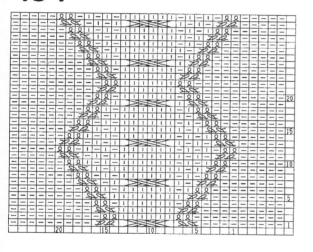

455

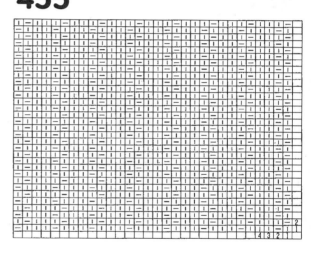

457

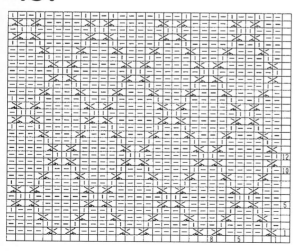

458

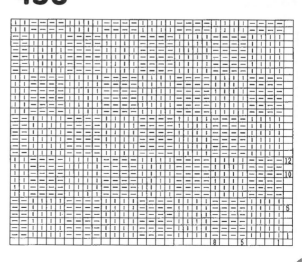

459

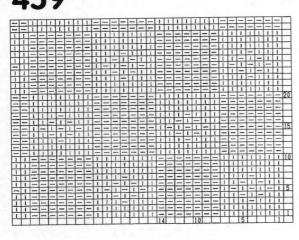

460

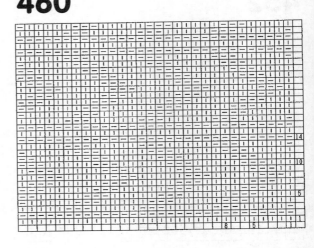

461

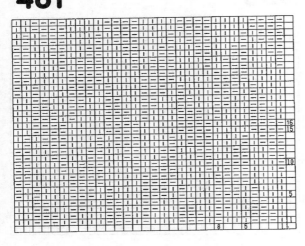

462

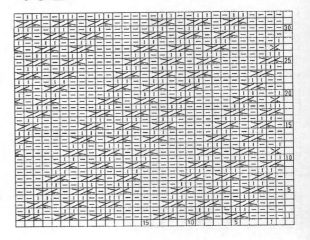

463

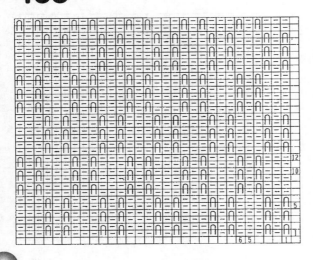

464

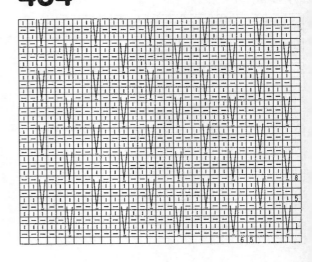

465

466

467

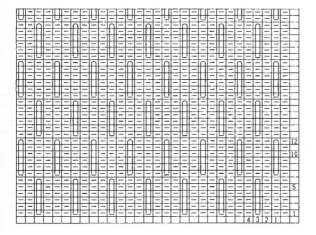

468

469

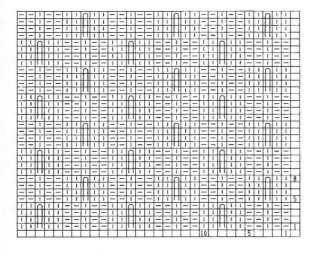

470

471

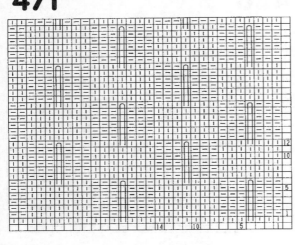

472

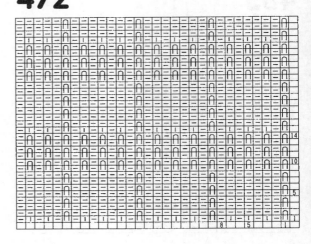

473

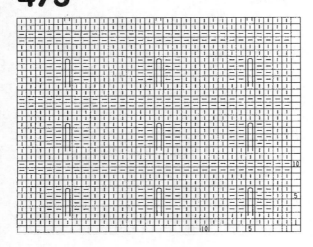

474

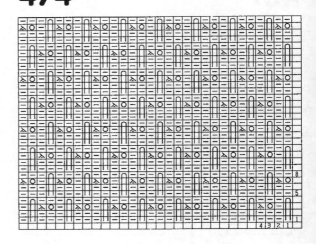

475

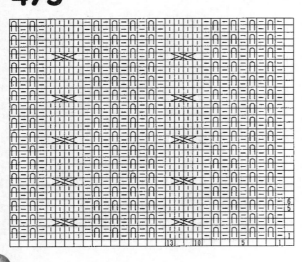

476

477

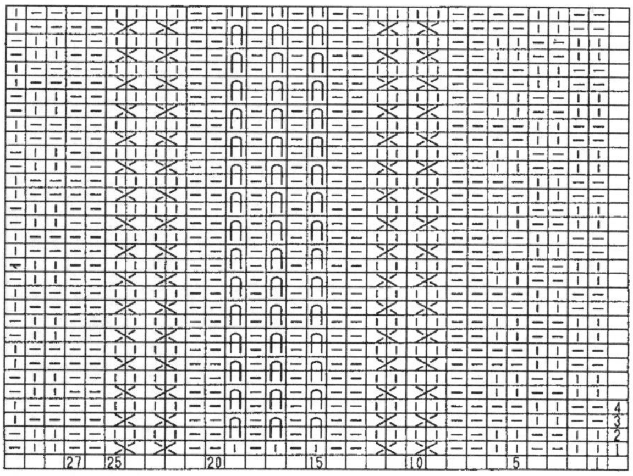

478

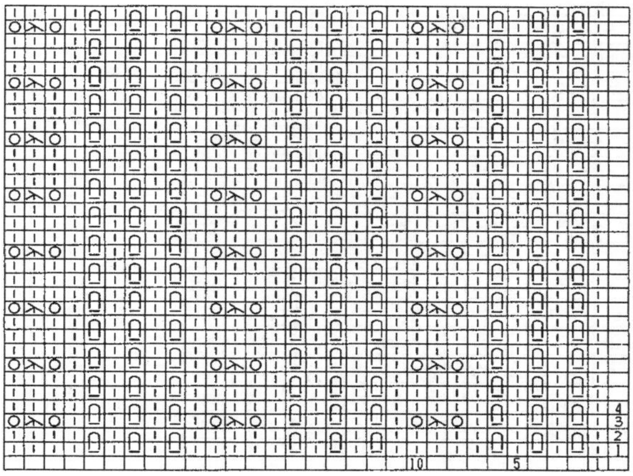

479

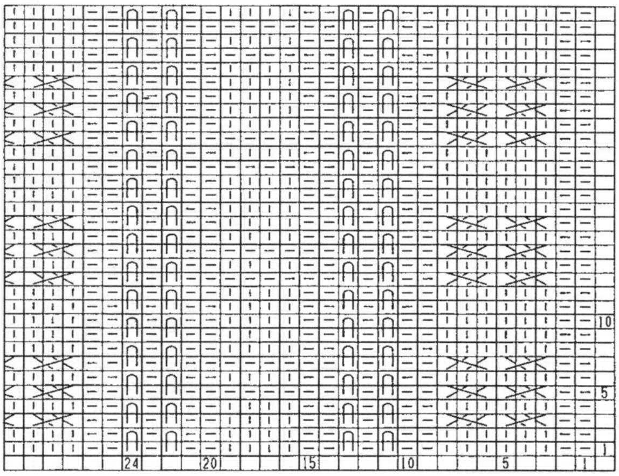

480

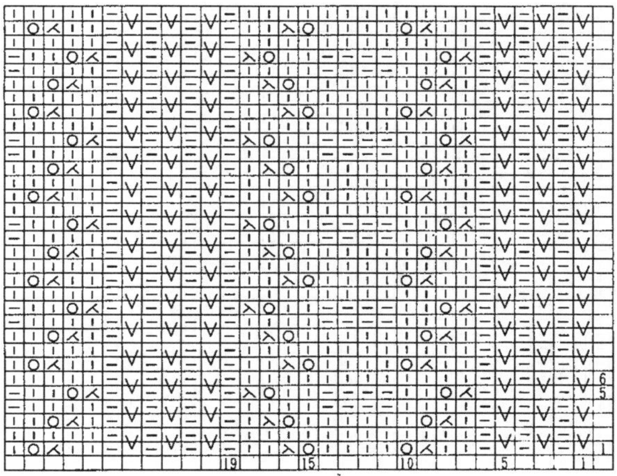

481

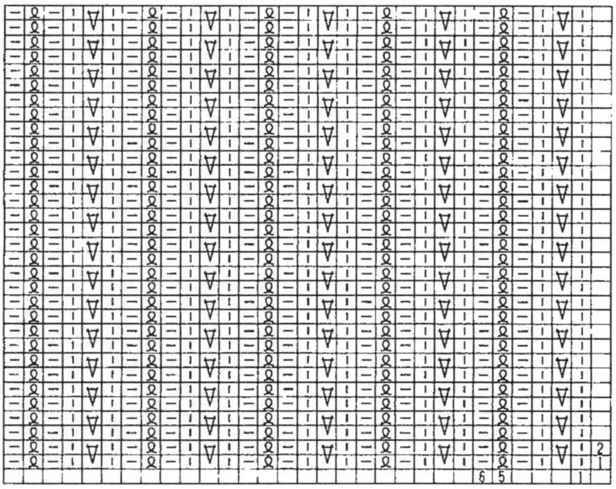

482

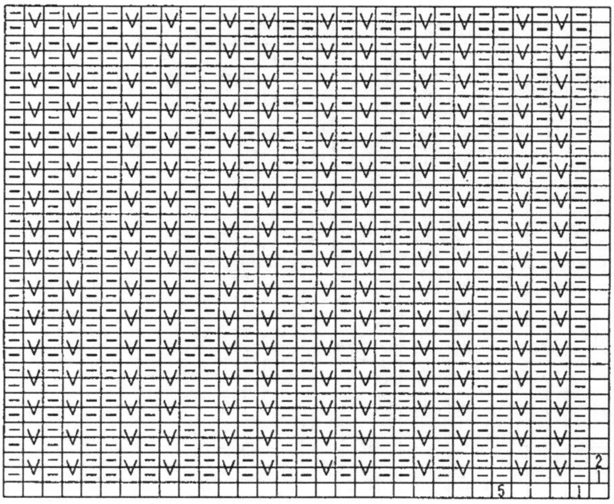

484

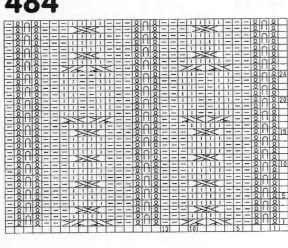

485

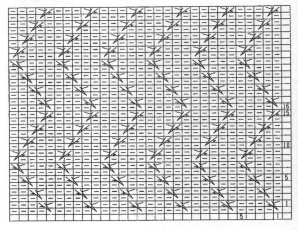

486

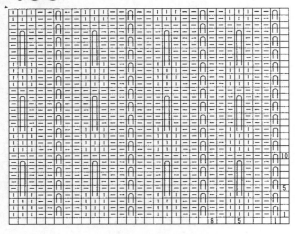

487

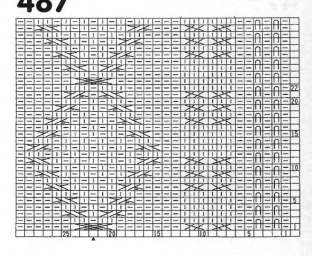

488

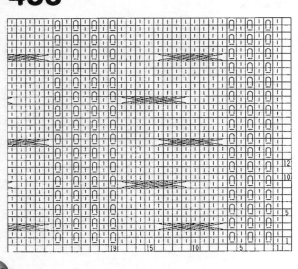

489

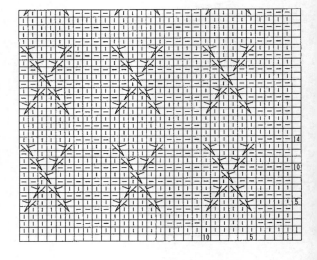

490

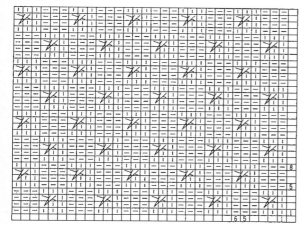

491

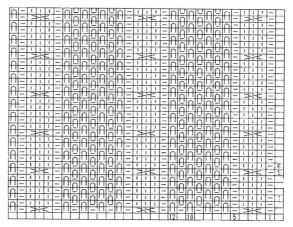

492

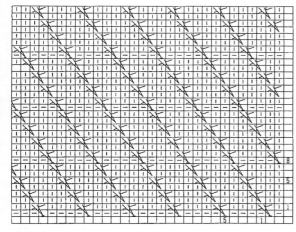

493

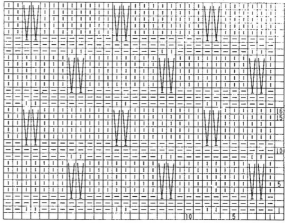

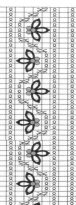

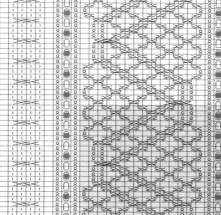

□ = □

●=直径5㎜

❀=直径3.5㎜

494

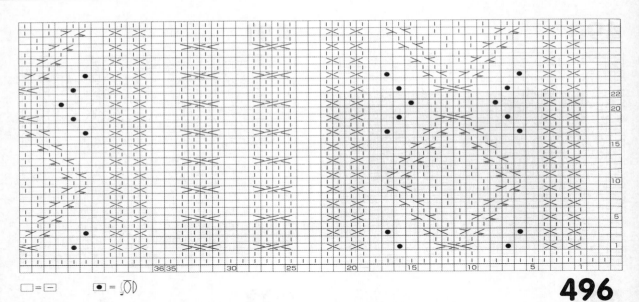

□ = □   ● = ﬚

496

495

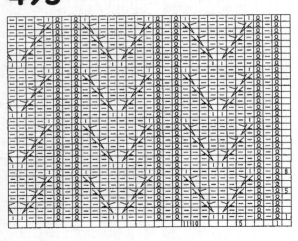

497

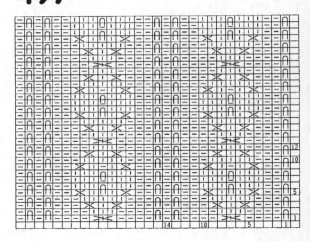

498

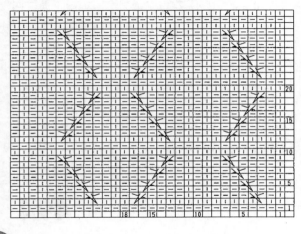

499

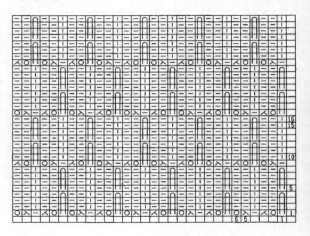

500

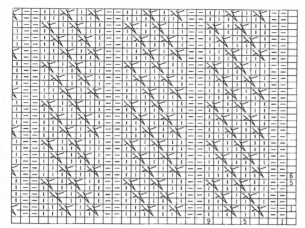

501

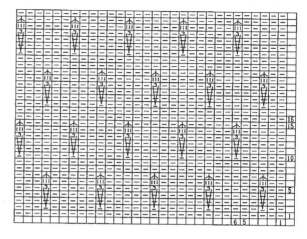

502

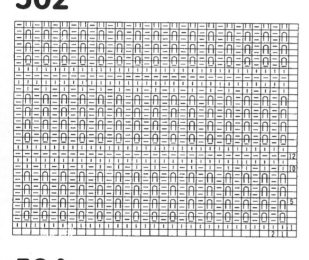

503

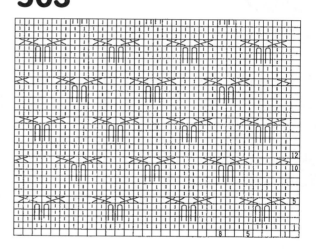

504

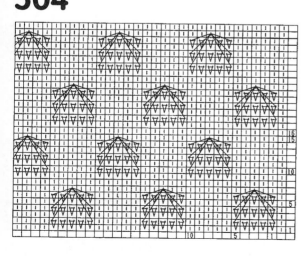

505

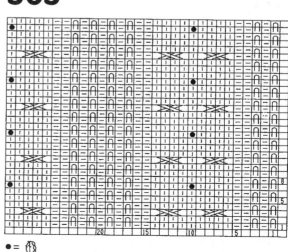

●=〔８〕

506

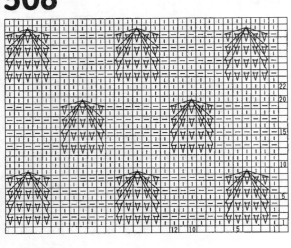

508

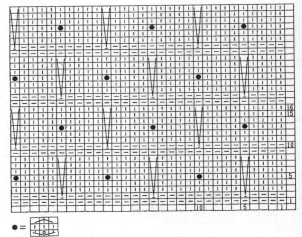

● = ┃┃

509

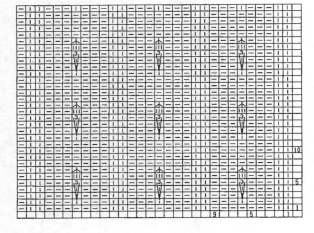

510

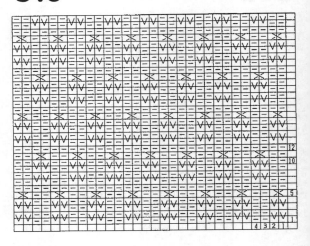

511

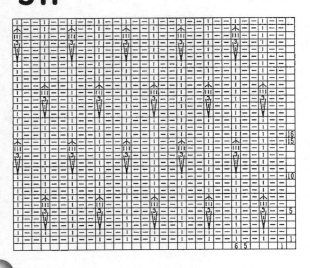

512

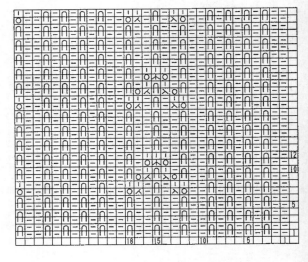

513

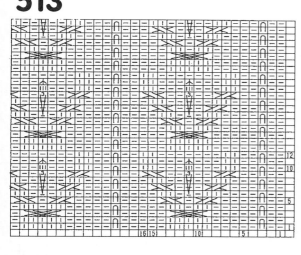

514

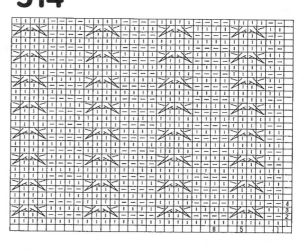

515

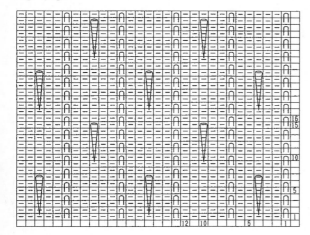

516

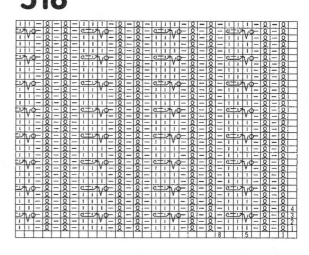

517

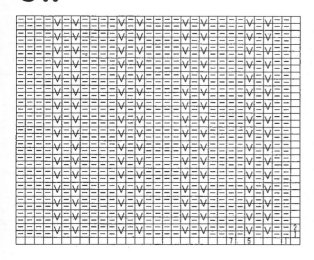

518

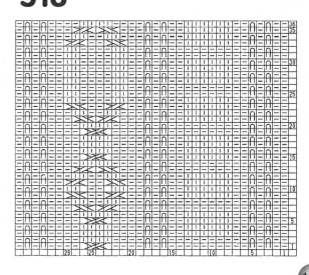

519

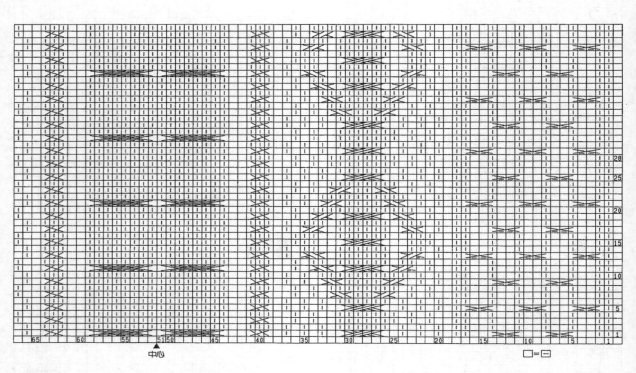

521

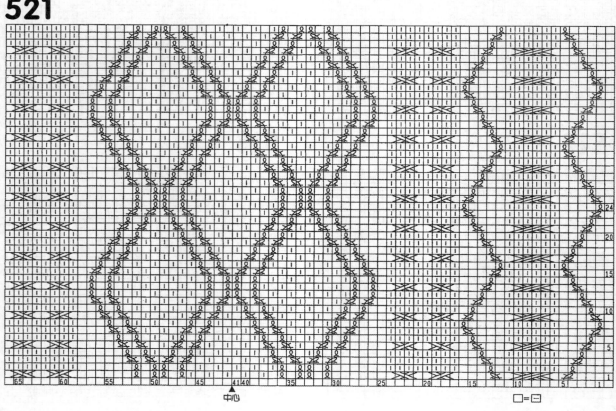

520

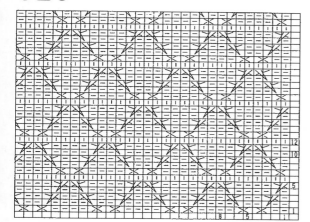

522

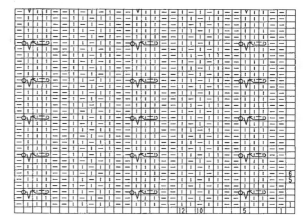

523

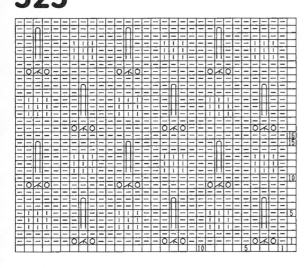

524

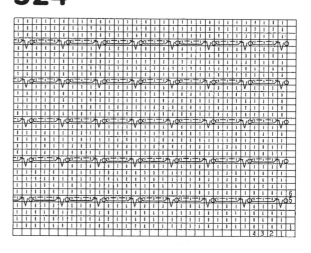

525

526

527

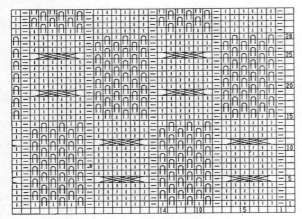

528

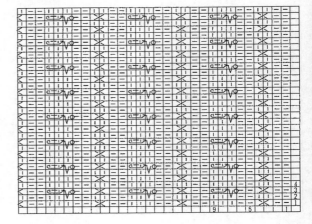

529

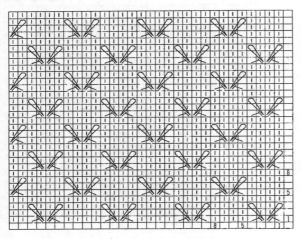

530

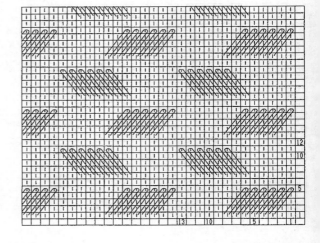

531

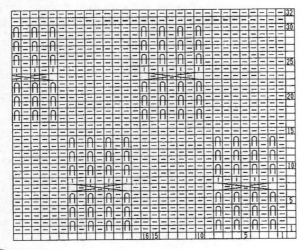

533

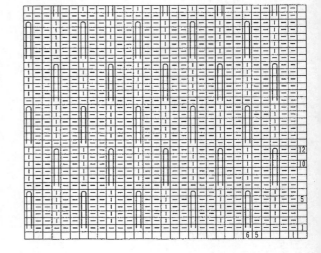

534

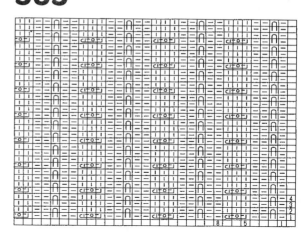

535

536

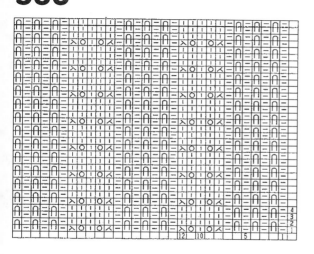

537

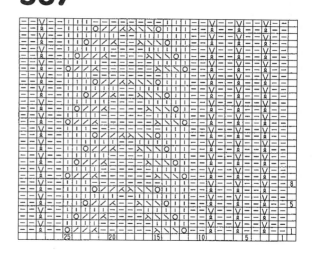

538

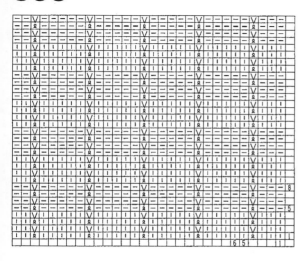

539

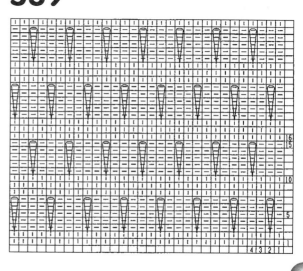

540

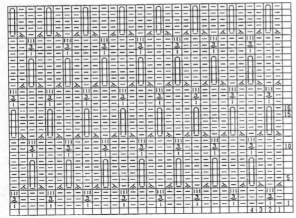

541

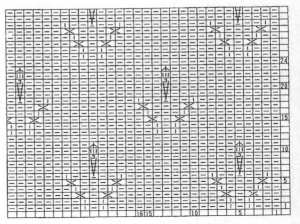

542

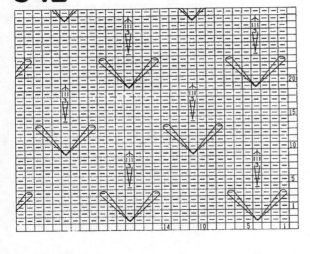

543

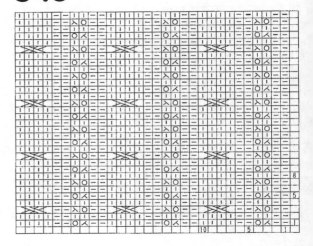

545

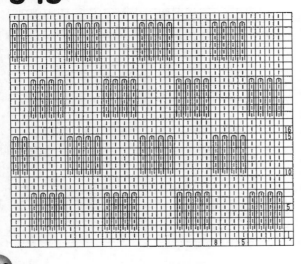

547

544

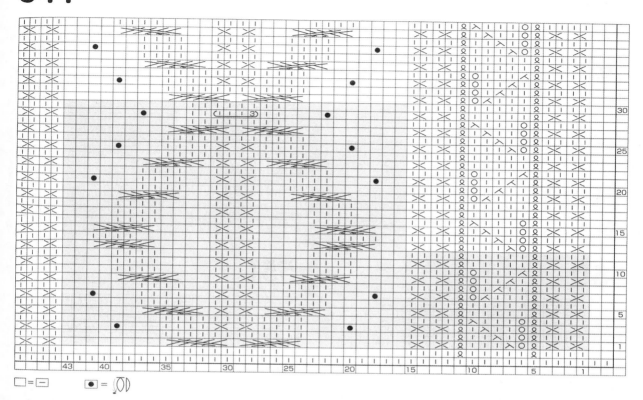

546

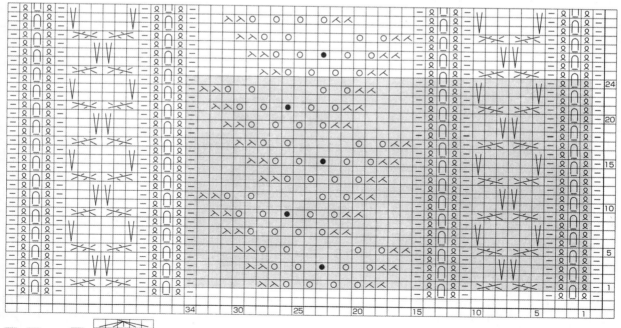

548

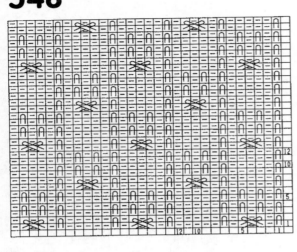

549

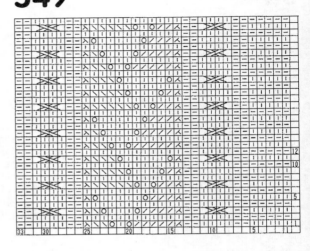

550

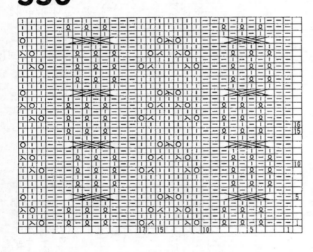

551

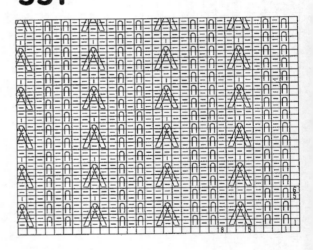

552

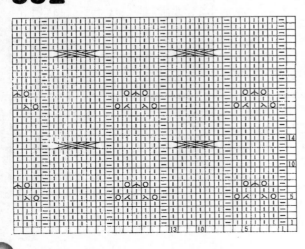

553

554

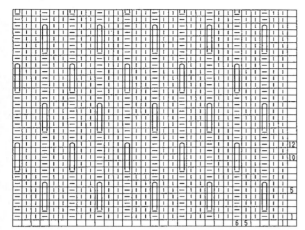

555

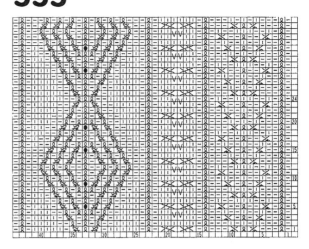

556

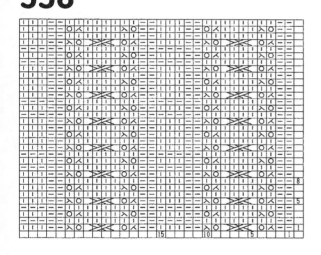

558

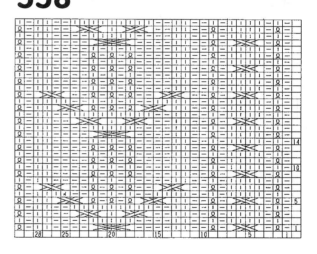

559

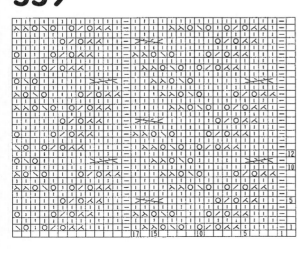

560

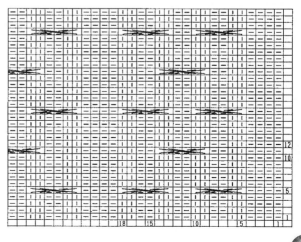

561

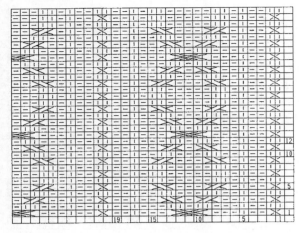

562

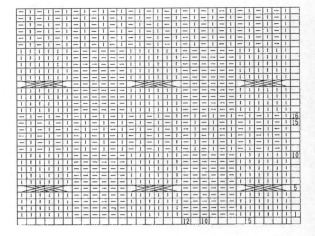

563

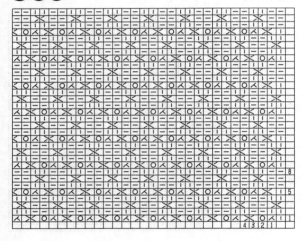

564

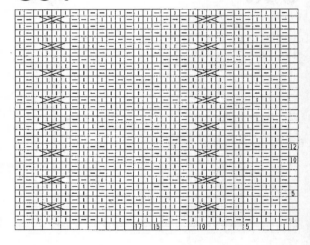

565

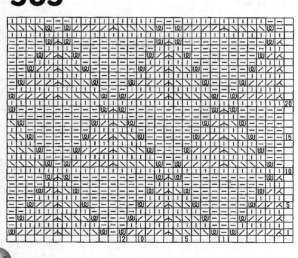

566

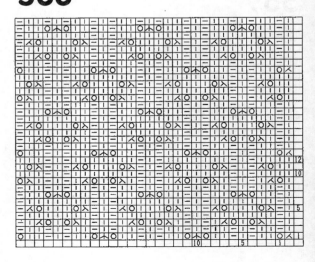

567

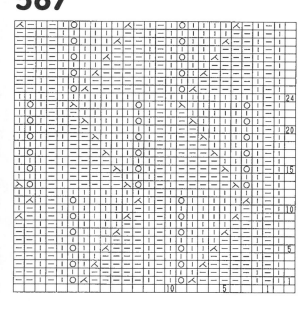

568

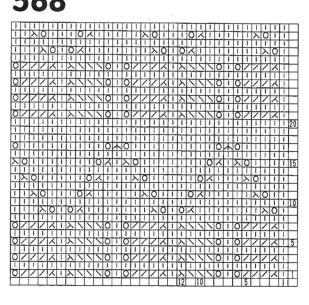

569

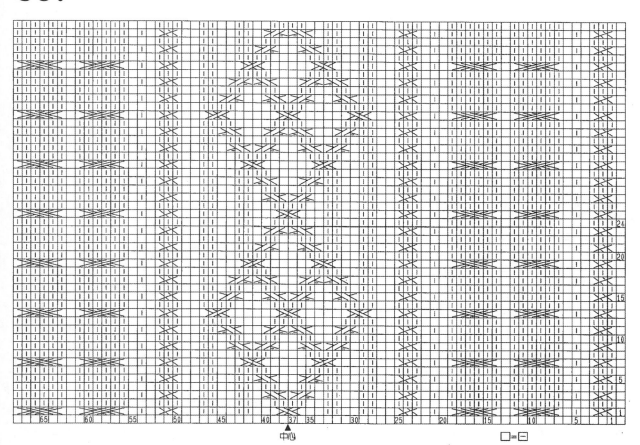

570

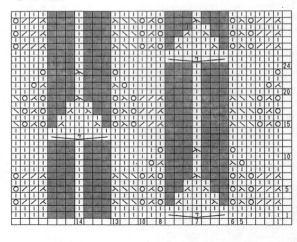

572

571

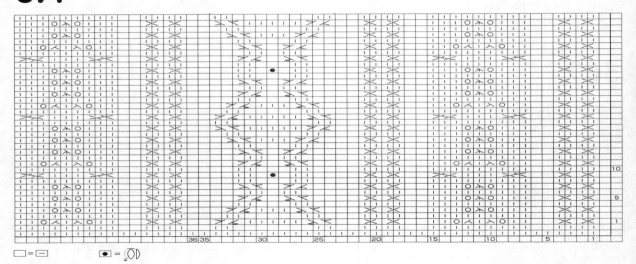

☐ = ⊟   ● = ⏝

573

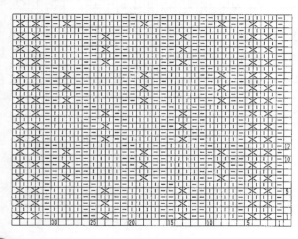

574

575

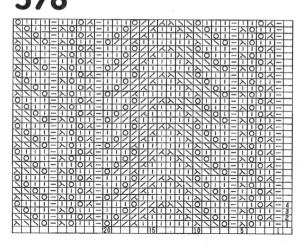

576

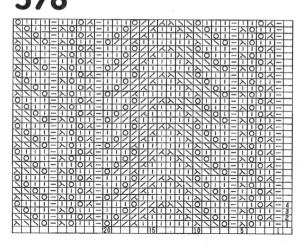

577

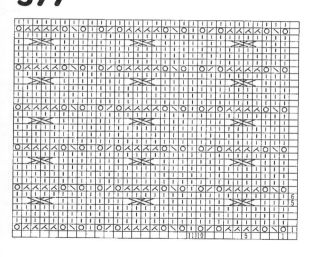

578

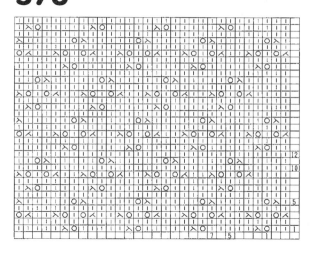

579

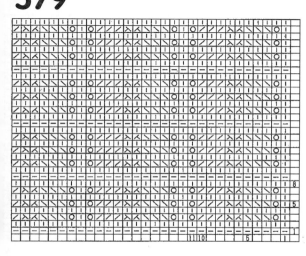

580

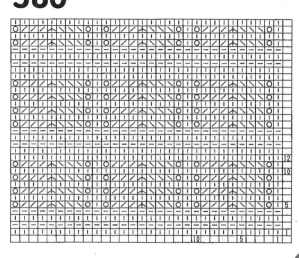

581

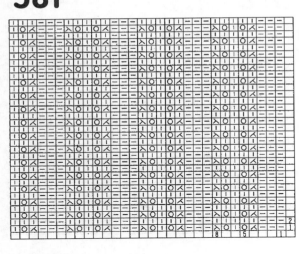

583

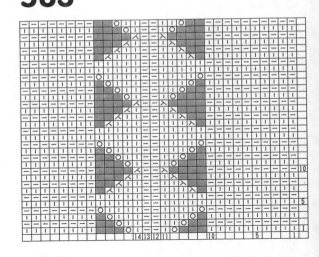

584

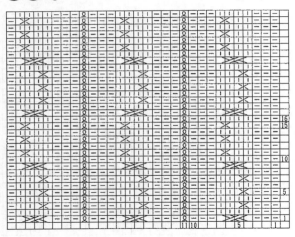

585

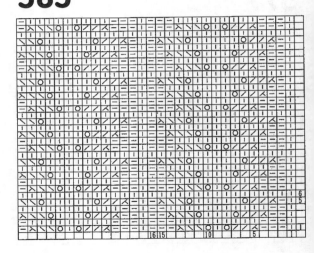

586

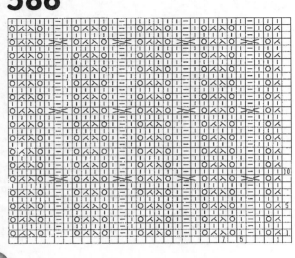

587

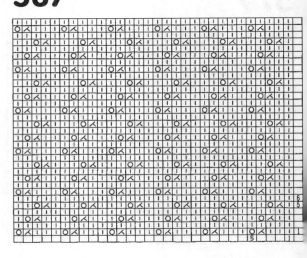

588

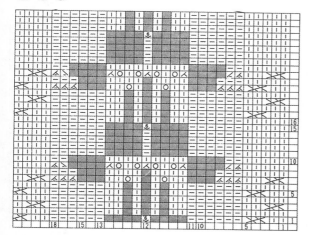

589

590

591

592

593

594

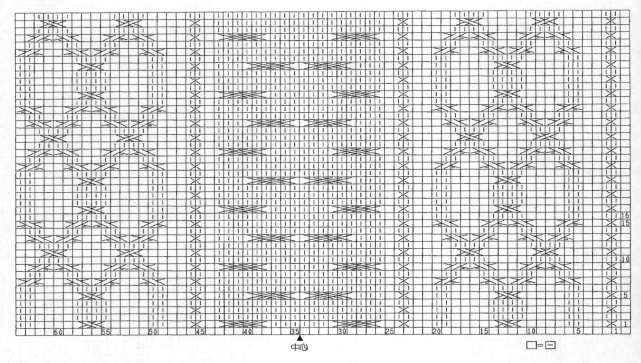

596

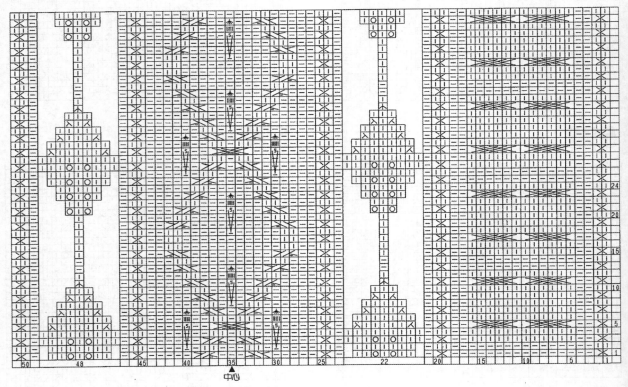

595

597

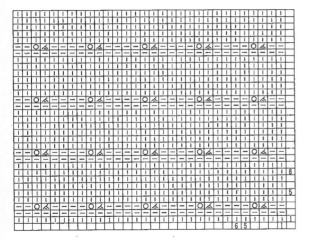

598

599

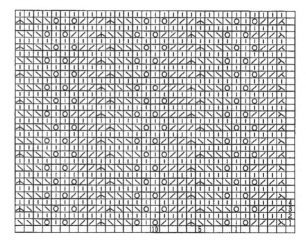

600

601

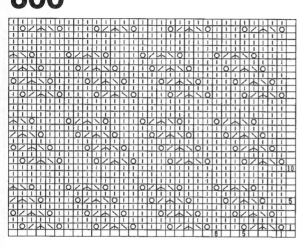

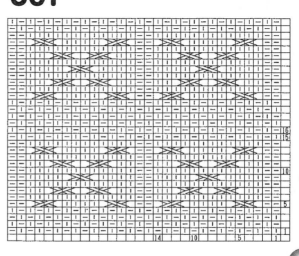

602

603

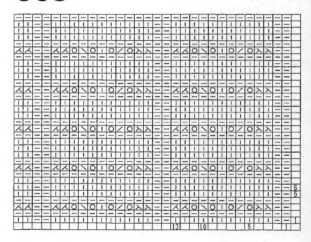

604

605

606

608

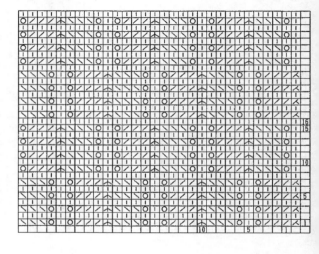

609

610

611

612

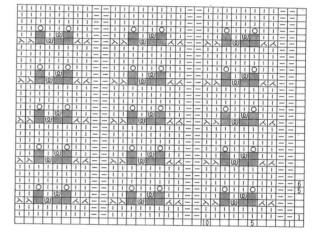

613

614

615

616

617

618

620

622

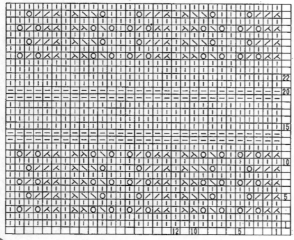

619

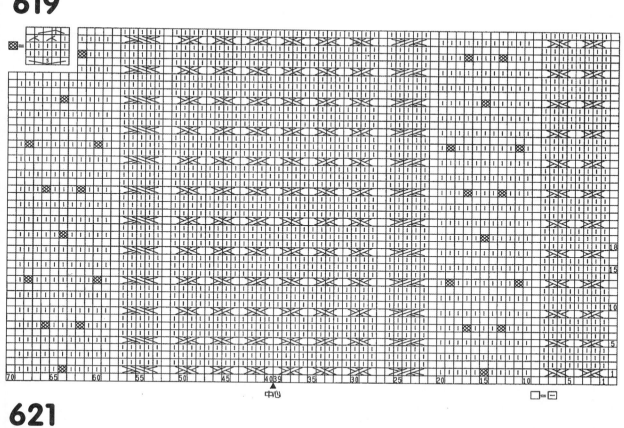

621

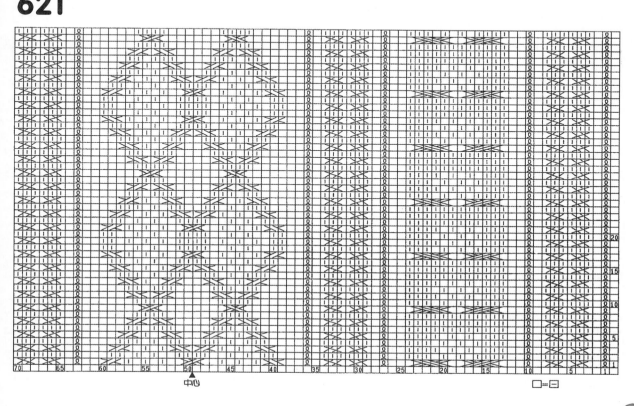

623

624

625

626

627

628

629

630

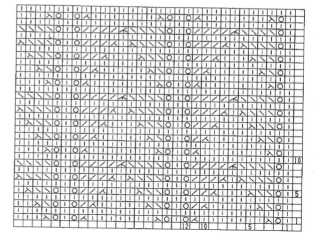

631

633

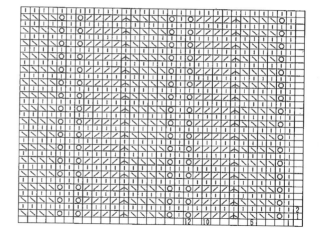

634

635

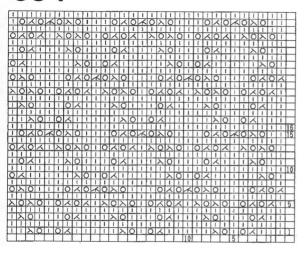

636

637

638

639

640

641

642

643

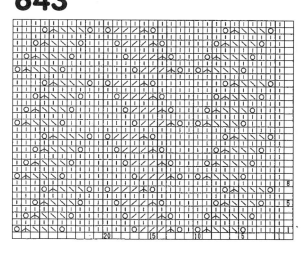

644

646

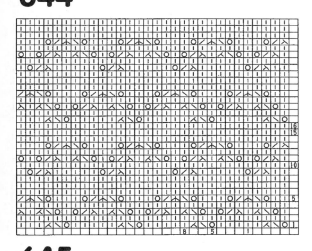

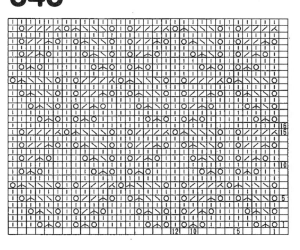

645

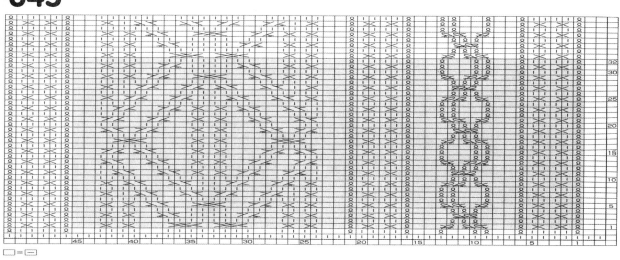

□＝□

647

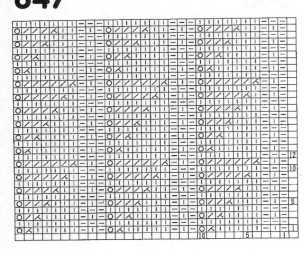

648

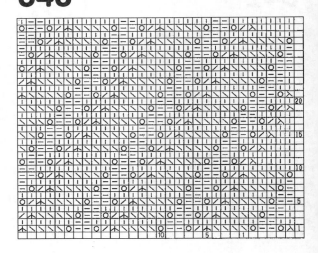

649

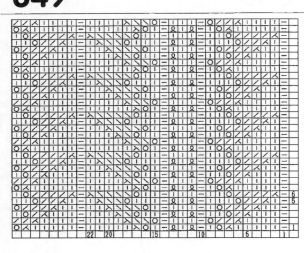

650

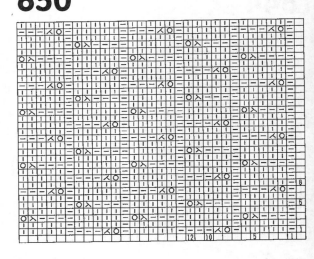

651

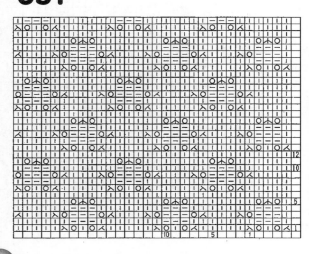

652

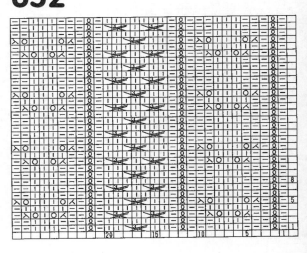

654

655

656

657

658

659

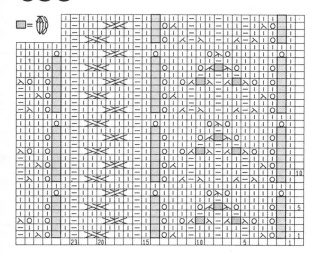

660

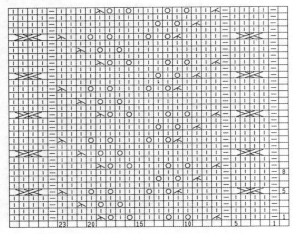

661

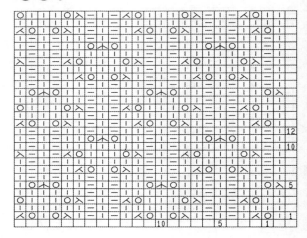

662

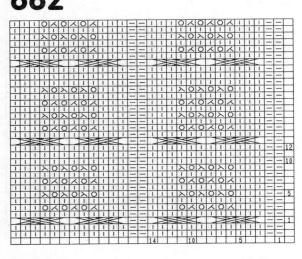

664

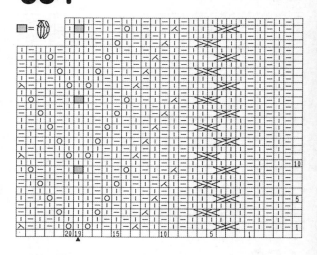

665

666

667

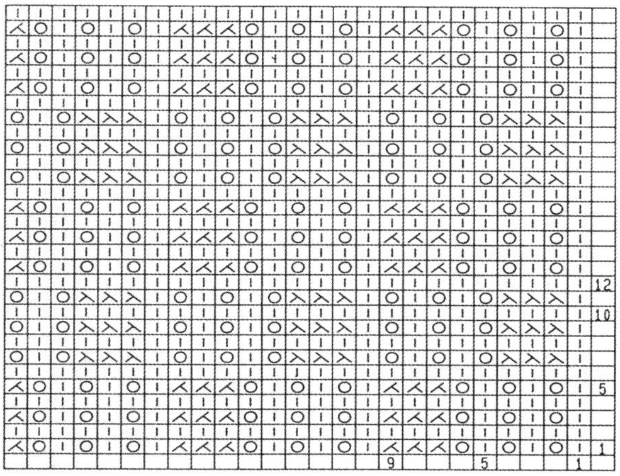

668

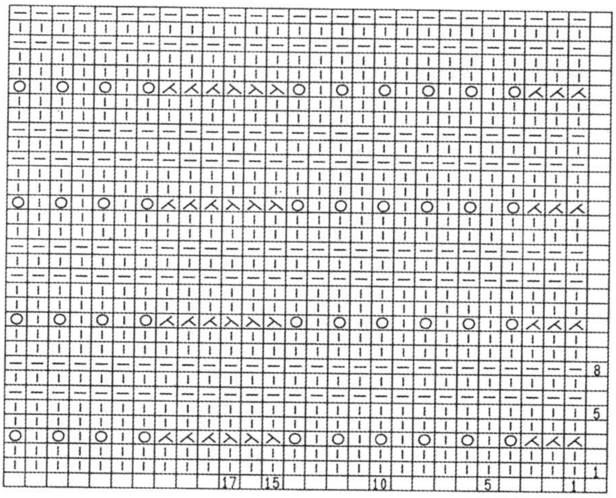

669

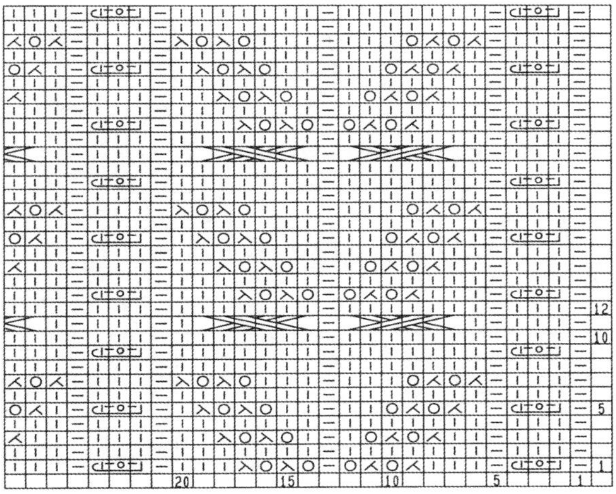

670

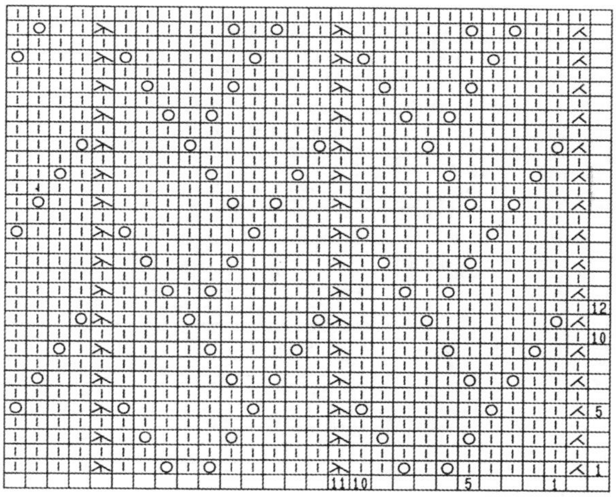

672

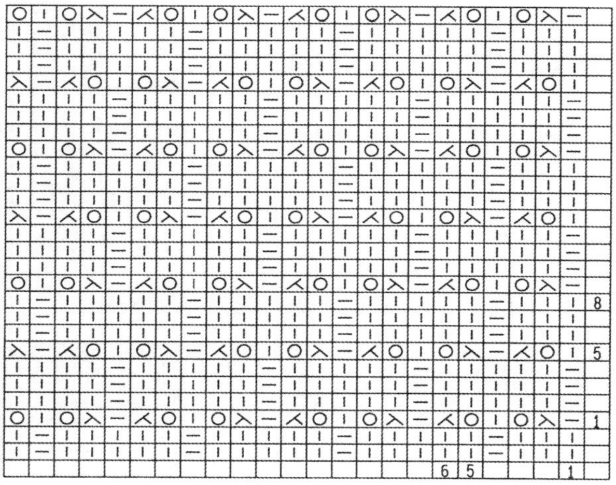

673

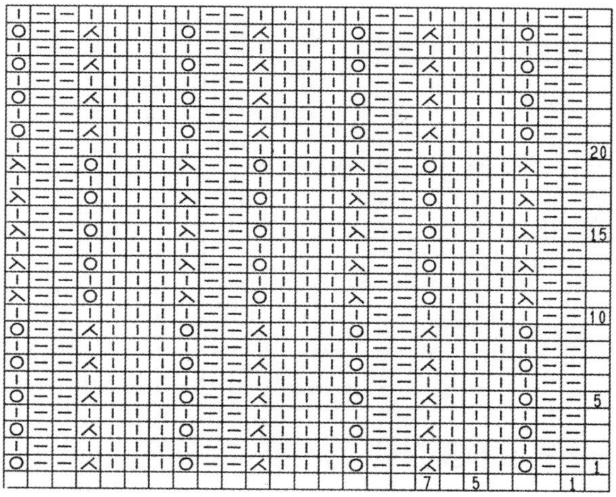

674

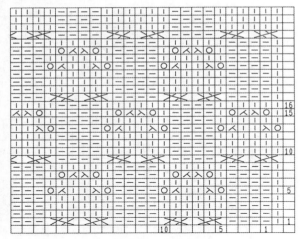

675

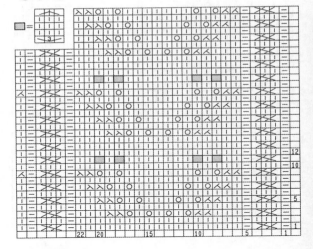

676

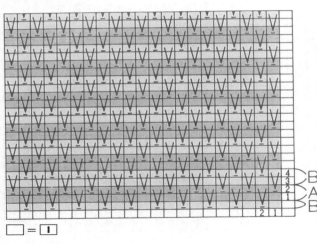

677

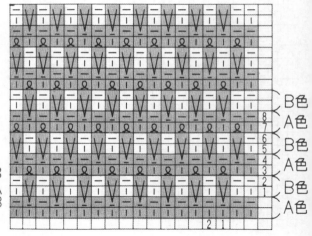

678

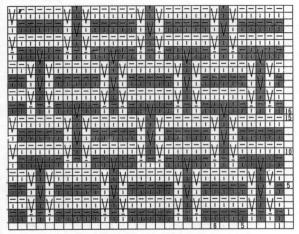

679

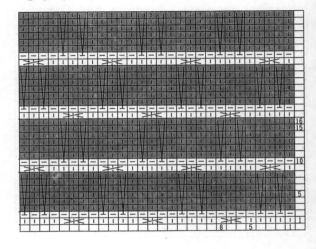

680

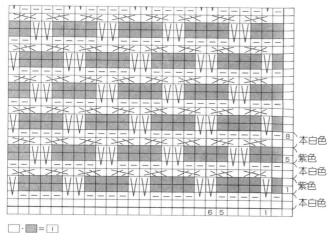

本白色
紫色
本白色
紫色
本白色

□ · ■ = □

682

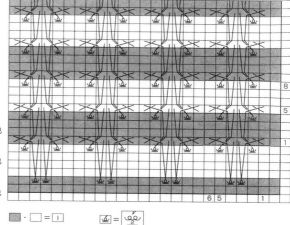

■ · □ = □   🐚 = 🐚

683

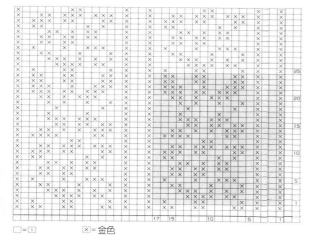

□ = □   ☒ = 金色

684

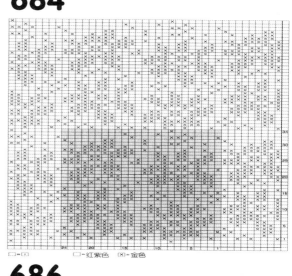

□ = □   □ = 红紫色   ☒ = 金色

685

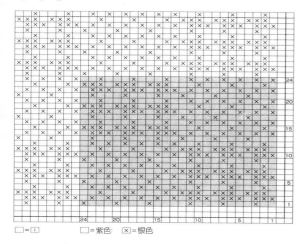

□ = □   □ = 紫色   ☒ = 银色

686

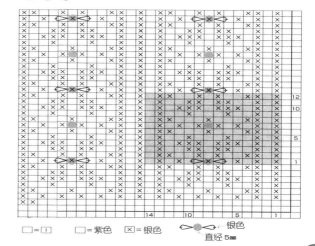

□ = □   □ = 紫色   ☒ = 银色   ●—● = 银色
直径5mm

687

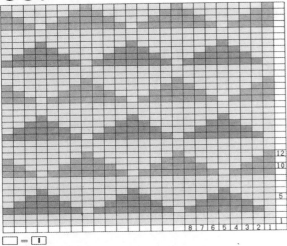

= □

688

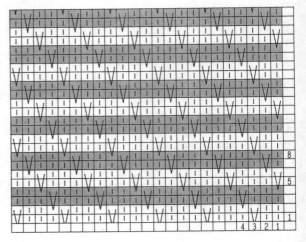

690

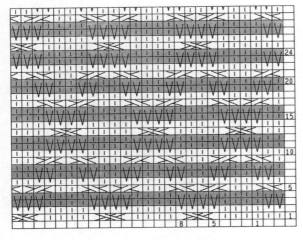

691

692

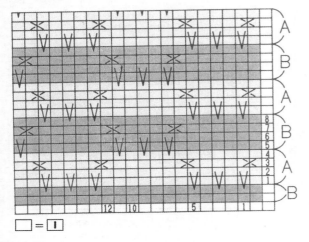

= □

693

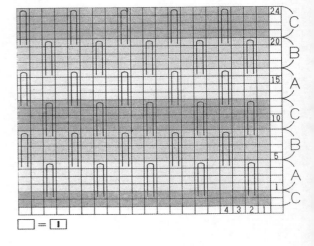

= □

694

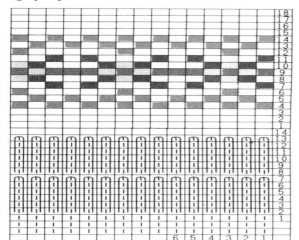

695

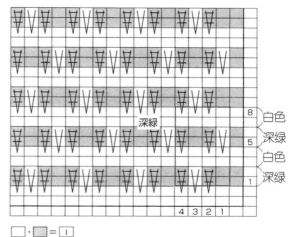

696

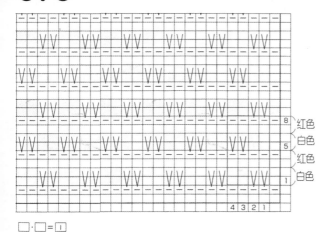

697

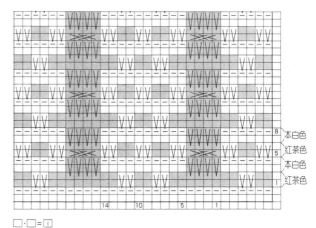

698

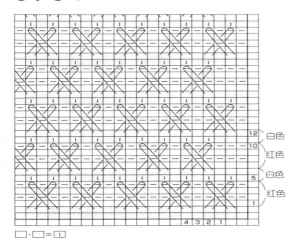

700

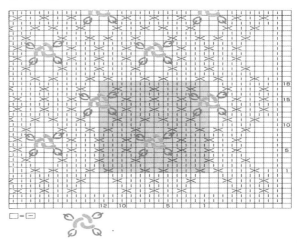

701

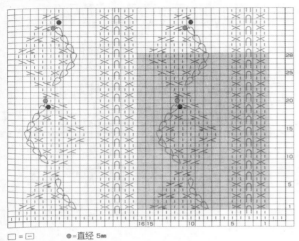

□ = □　　●=直径 5㎜

702

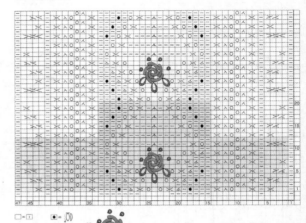

□ = □　　✿ = 花

703

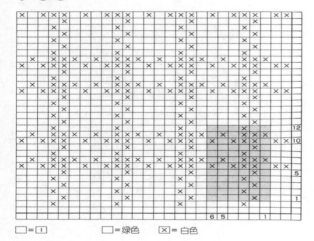

□ = □　　□=绿色　　☒ = 白色

704

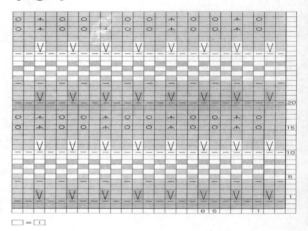

□ = □

705

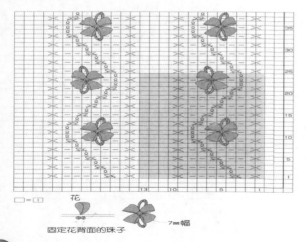

□ = □　　花

固定花背面的珠子　　7㎜幅

706

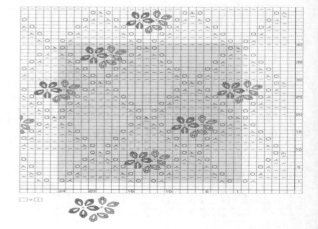

□=□

708

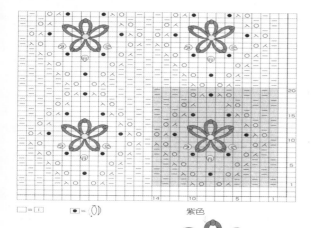

□ = [I]　　■ = ()

紫色

直径4mm

709

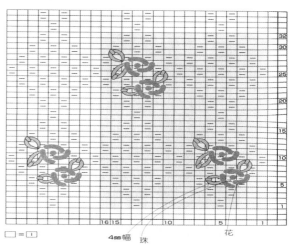

□ = [I]

4mm幅 珠　　　　花

710

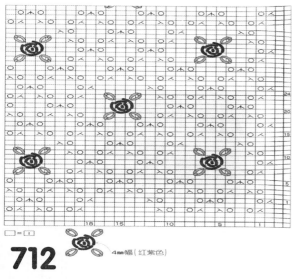

711

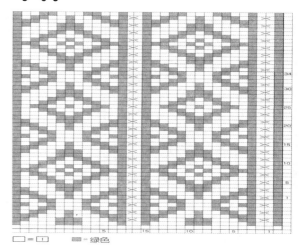

□ = [I]　　■ = 绿色

4mm幅（红紫色）

712

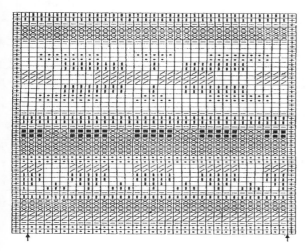

713

714

716

717

718

719

720

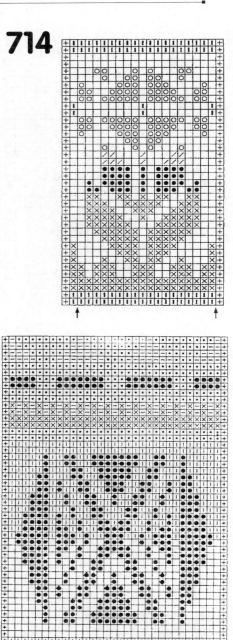

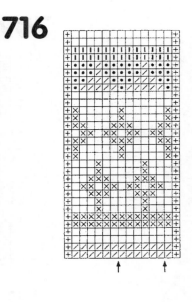

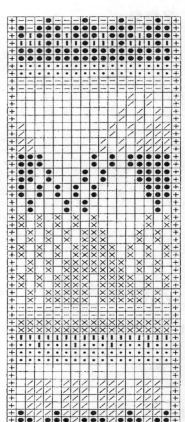

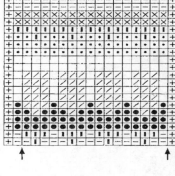

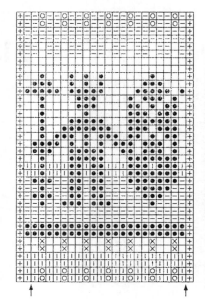

棒针款式针法图

048 款式彩照见 7 页

材料：本白色中粗毛线 360 克。

用具：8 号（2 根）、5 号（4 根）棒针。

密度：花样编织 A：22 针 ×25 行＝10 厘米 ×10 厘米，花样编织 B、C：25 针 ×25 行＝10 厘米 ×10 厘米。

尺寸：胸围 78 厘米，袖长 52 厘米（从领子中心至袖口），衣长 41.5 厘米。

说明：衣片以 5 号针起 90 针，双罗纹编织 16 行，换 8 号针，均匀加出 3 针，依图所标位子编织花样至肩部（底子为反平针，花样 C 衣置衣片中央），收针。

以挑针方式缝合肩缝。

从前后领围按图所示共挑出 72 针，成环型编织双罗纹 34 行，向内侧对折，在挑针处以缝针缝合，缝合线留有充分的宽松量。

袖子编织，从衣片袖窿处均匀地挑出 69 针，向下按图所标位子编织花样 "A−B−A" 编织 70 行，边编织边收针至 46 针，换 5 号针，以双罗纹编织 14 行，收口。

□ = 1 = 下针省略

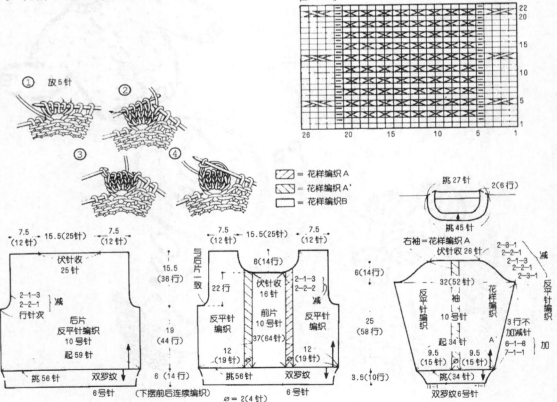

048 款式彩照见 7 页

材料：本白色中粗毛线 250 克

用具：10 号（2 根），6 号（4 根）棒针。

密度：平针编织 16 针 ×23 行＝10 厘米 ×10 厘米；花样编织 20 针 ×23 行＝10 厘米 ×10 厘米。

尺寸：胸围 74 厘米，袖长 34.5 厘米，背肩宽 30.5 厘米，衣长 40.5 厘米。

说明：后衣片以 10 号针起 90 针，按图所示以反平针编织，中间收口 25 针作后领围，前衣片以 10 号针起 90 针，按图所示位子编织花样至肩部（底子为反平针）。

袖子以 10 号针起 34 针，按下图所标位置编织图所示花样至袖山，袖口号衣片下摆分别向下 34、56 针，用 6 号针以单罗纹编织，袖口 10 行、下摆 14 行，收口。

肩部留针，以挑针方式缝合肩缝。

从前后领围按图所示以 6 号针挑出 98 针，成环型编织单罗纹 6 行，收口。

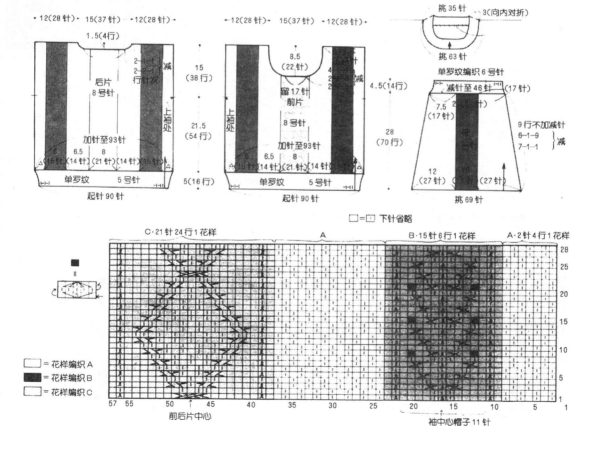

070 款式彩照见9页

材料：中粗毛线，深灰色240克、深咖啡色195克、砖红色120克、深绿色115。

用具：直径4毫米，4.5毫米棒针。

密度：花样A：23针×26行＝10厘米×10厘米；花样B：24针×26行＝10厘米×10厘米；花样C：21针×26行＝10厘米×10厘米；花样D：19针×26行＝10厘米×10厘米。

尺寸：胸围108厘米，衣长67厘米，袖长82厘米。

说明：前后片、袖片分别起针，衣袖片缝合后，领口、袖口、衣下摆处另挑针编织。

花样

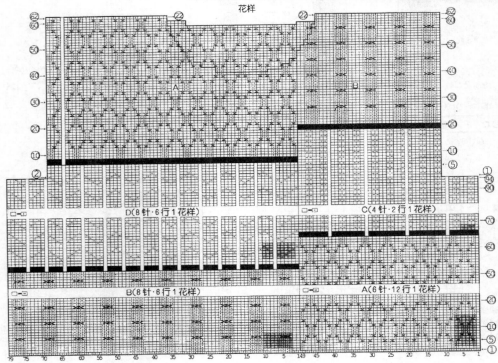

070 款式彩照见9页

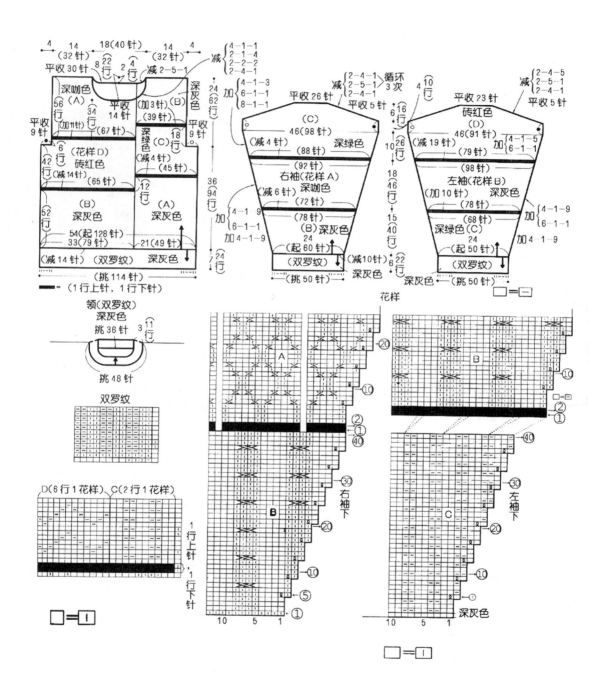

112 款式彩照见13页

材料：细毛腈线，本色365克。

用具：直径3.5毫米，3.3毫米棒针。

密度：23针×36行＝10×10平方厘米。

尺寸：胸围95厘米，衣长51厘米，袖长40厘米。

说明：前后片、袖片分别起针按图示花样编织，衣袖片缝合后，领口、袖口、下摆另挑针。

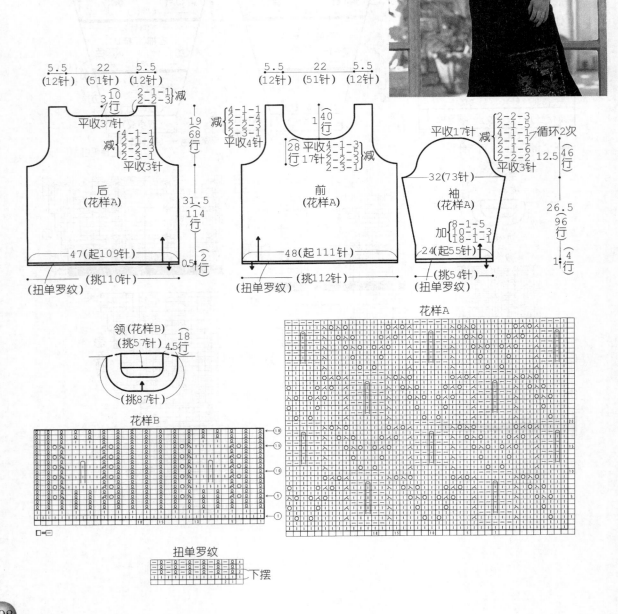

132 款式彩照见15页

材料：茶色中粗毛线250克。

辅料：纽扣（直经1.5厘米）2粒。

用具：10号、7号（各2根）棒针。

尺寸：胸围72厘米，袖长32厘米，衣长36厘米。

密度：花样图案 17针×25行＝10厘米×10厘米；说明：前后衣片分别起61针，以10号针编织42行至袖窿处，两侧收5针后继续向上织并收前后领圈。

肩部备留15针并挑针拼合前后肩。

下摆以7号针从衣毕底边挑60针，以1针上1针下的单罗纹针法向下编织14行，收针。

领子从前后领圈处挑针，以7号针编织单罗纹6行，收针。

从衣片的袖窿处均等地挑出48针，以10号针编织袖子，袖口处换7号针，以单罗纹编织8行，然后收口。

侧缝与袖窿缝以回针针法合拢。

门襟里外挑6针编织，以7号针单罗纹编织，按图留出2个纽洞，钉上纽扣。

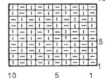

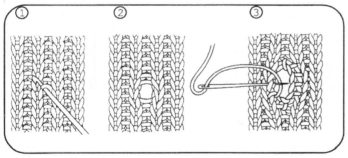

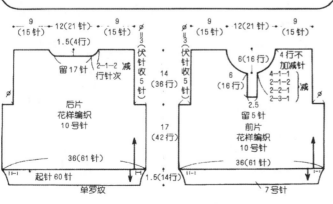

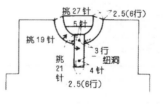

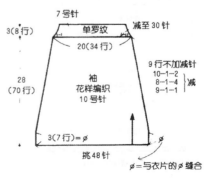

150 款式彩照见17页

材料：米色中粗毛线320克。

辅料：驼色纽扣（直经2.5厘米）5粒。

用具：10号、（2根）棒针；6号（1根）钩针。

密度：上下针编织 16针×26行＝10厘米×10厘米。

尺寸：胸围77厘米，袖长37厘米，衣长46.5厘米。

说明：前后衣片，以10号起针，依图花样向上编织62行，收袖窿、领圈。

肩部备留15针并挑针拼合前后肩。

从衣片的袖窿处均等地挑46针，按图所示针数，织法编织袖子，侧缝与袖底缝以回针针法合拢。

口袋按图所示位置挑针31针向上编织。

袖口、领缘、袋周、门襟边均以6号钩针，钩饰边并留出5个纽洞，钉上纽扣。

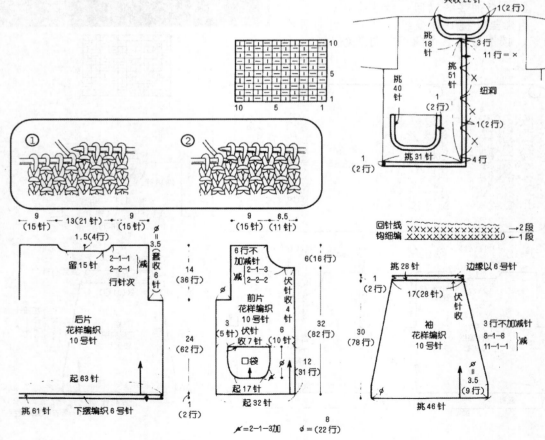

169　款式彩照见 19 页

材料：丝带线，深绿色 100 克，灰色、深蓝色和土黄色各 80 克。

用具：直径 7 毫米棒针。

密度：12 针 ×18 行 ＝ 7。5 厘 米 ×10 厘米。

尺寸：胸围 90 厘米，衣长 57 厘米。

说明：左右前片、后片均分条编织，然后缝合在一起，用刺绣线装饰在上面。

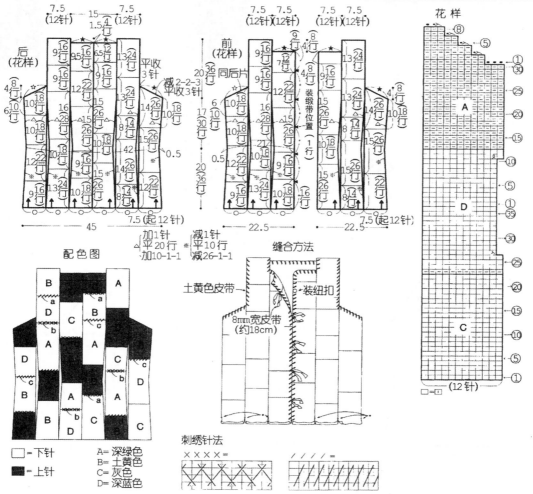

配色图

□ ＝下针
■ ＝上针

A＝ 深绿色
B＝ 土黄色
C＝ 灰色
D＝ 深蓝色

缝合方法

土黄色皮带

装纽扣

8mm 宽皮带（约 18cm）

刺绣针法

花样

188 款式彩照见 21 页

材料：中粗毛腈线，黄紫杂色 360 克，橘色 40 克。

用具：直径 3 毫米，3.3 毫米棒针。

密度：24.5 针 ×32 行＝10 厘米 ×10 厘米。

尺寸：胸围 96 厘米，衣长 57 厘米，袖长 68 厘米。

说明：前后片、袖片分别起针按图示编织，衣袖片缝合后，领部、前门襟、袖口处另挑针织边。

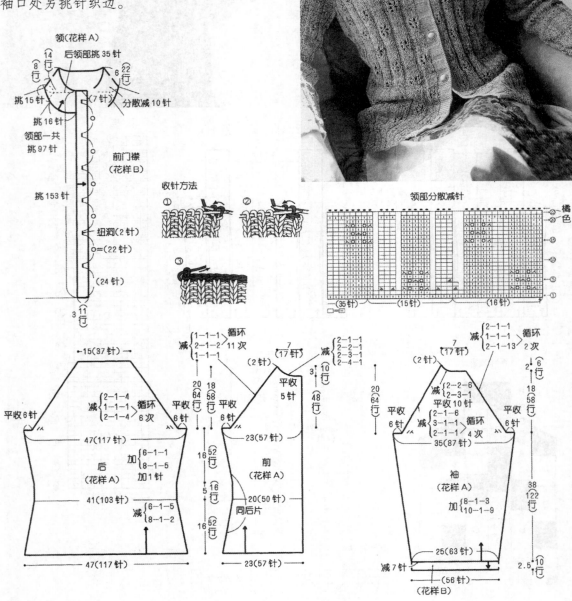

领（花样 A）

后领部挑 35 针

14（8 行）

6 22（行）

挑 15 针

（7 针）

分散减 10 针

挑 16 针

领部一共挑 97 针

前门襟（花样 B）

挑 153 针

纽洞（2 针）

o＝（22 针）

（24 针）

3（11 行）

收针方法

① ② ③

领部分散减针

橘色

（35 针） （15 针） （16 针）

后（花样 A）

-15（37 针）→

平收 6 针

减 { 2-1-4 / 1-1-1 / 2-1-4 } 循环 6 次

47（117 针）

加 { 6-1-1 / 8-1-5 } 加 1 针

41（103 针）

减 { 6-1-5 / 8-1-2 }

47（117 针）

16 52 行

5 16 行

16 52 行

前（花样 A）

减 { 1-1-1 / 2-1-2 / 1-1-1 } 循环 11 次

平收 6 针

平收 6 针

平收 5 针

减 { 2-1-1 / 2-3-1 / 2-4-1 }

（2 针）

（7 17 针）

3 10 行

（48 行）

23（57 针）

前（花样 A）

20（50 针）

同后片

23（57 针）

20 64 行

18 58 行

袖（花样 A）

减 { 2-1-1 / 1-1-1 / 2-1-13 } 循环 2 次

（7 17 针）

（2 针）

减 { 2-2-6 / 2-3-1 }

平收 10 针

减 { 2-1-6 / 3-1-1 / 2-1-1 } 循环 4 次

35（87 针）

平收 6 针

平收 6 针

袖（花样 A）

加 { 8-1-3 / 10-1-9 }

25（63 针）

减 7 针

（56 针）

（花样 B）

2 6 行

20 64 行

18 58 行

38 122 行

2.5 10 行

188 款式彩照见 21 页

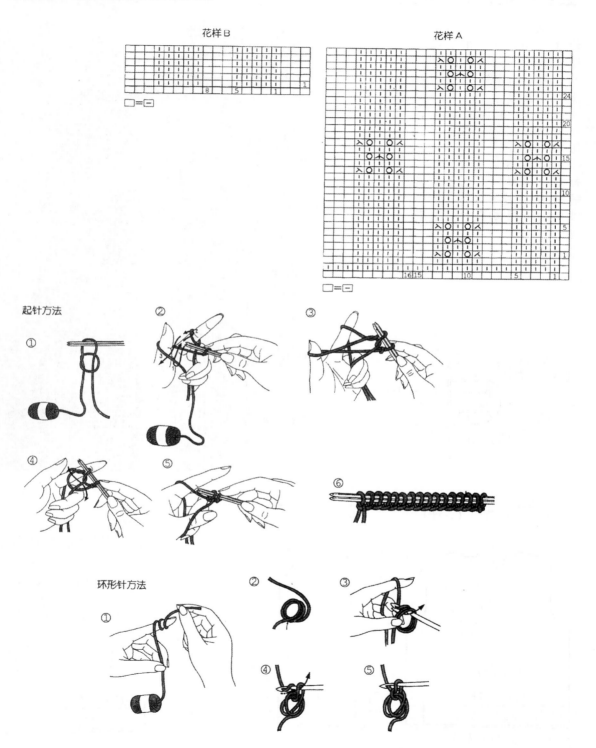

花样B

□=□

花样A

□=□

起针方法

环形针方法

210 款式彩照见 23 页

材料：中粗棉腈线，紫红色 400 克。用具：直径 3.5 毫米棒针，钩针。

密度：24 针×31 行＝10×10 厘米。

尺寸：胸围 92 厘米，衣长 50.5 厘米，袖长 52.5 厘米。

说明：左右前片、后片、袖片分别起针按图示花样编织，衣袖片缝合后，领口、袖口、下摆另挑针钩织花边。

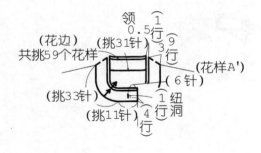

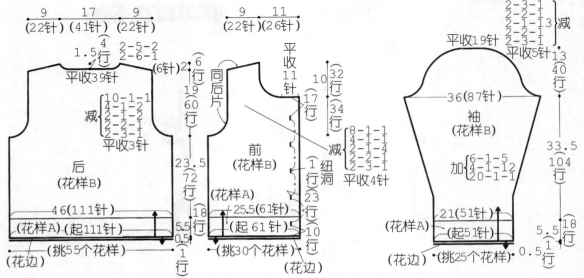

210 款式彩照见 23 页

领子花样A', 花边

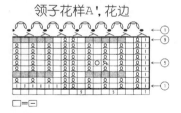

□=□

纽洞（右前）

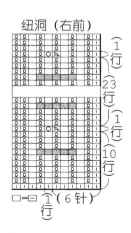

□=□ (6针)

花样

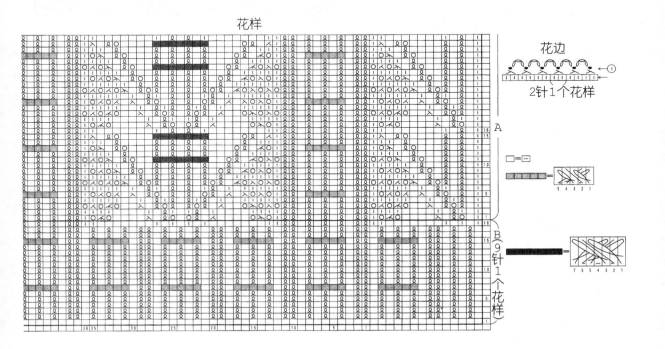

花边

2针1个花样

348 款式彩照见 33 页

材料：全棉线，本白色200克，灰绿色30克。

用具：直径4毫米棒针，钩针。

密度：23针×30行＝10厘米×10厘米。

尺寸：胸围70厘米，衣长46厘米。

说明：前后片分别起针按图示编织，前后片缝合后，领部、袖口另挑针织来回针边。

领、袖口（来回针）

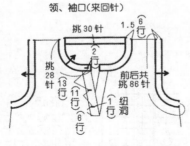

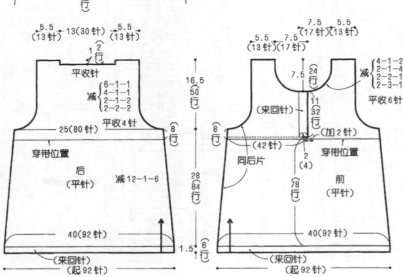

348 款式彩照见 33 页

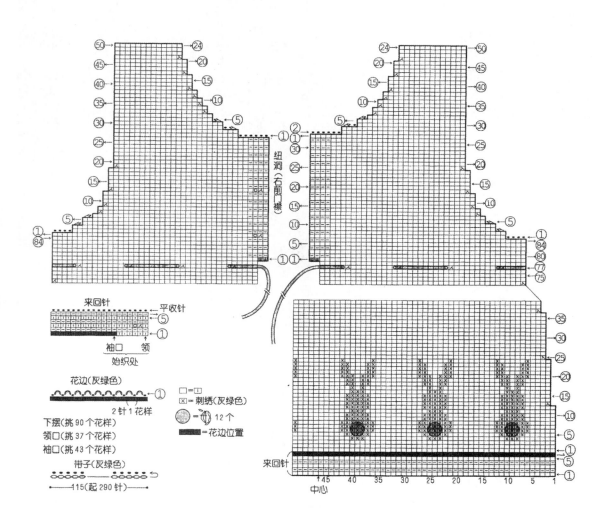

来回针　　　　平收针
⑤
①
袖口　领
始织处

花边（灰绿色）
①
2针1花样

下摆(挑90个花样)
领口(挑37个花样)
袖口(挑43个花样)

带子（灰绿色）
←—115(起290针)——→

□=□
⊠= 刺绣（灰绿色）
=12个
=花边位置

来回针

纽洞（右前襟）

中心

375 款式彩照见35页

材料：细毛腈线，浅橘色250克，各色刺绣线。

用具：直径3.5毫米棒针。

密度：2.5针×36行＝10厘米×10厘米。

尺寸：胸围88厘米，衣长51厘米，袖长26厘米。

说明：左右前片、后片分别起针编织，衣袖片缝合后，前片另刺绣图案。

单罗纹

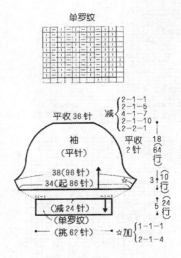

袖部分图解：

平收36针

减 { 2-1-1 / 2-1-5 / 4-1-7 / 2-1-10 / 2-2-1 }

袖（平针）

平收2针 18/64行

38（96针）
34（起86针） 3 10行

（减24针） 5 24行
（单罗纹）

（挑62针） ☆加 { 1-1-1 / 2-1-4 }

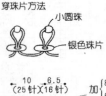

穿珠片方法

小圆珠 银色珠片

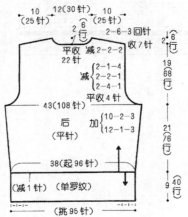

后片图解：

10（25针） 12（30针） 10（25针）

2-6-3回针 收7针

平收22针 减2-2-2

减 { 2-1-4 / 2-2-1 / 2-4-1 }

平收4针

43（108针）

后（平针） 加 { 10-2-3 / 12-1-3 }

19/68行 21/76行

38（起96针）

（减1针）（单罗纹） 9/40行

（挑95针）

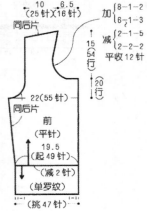

前片图解：

10（25针） 6.5（16针）

同后片 加 { 8-1-2 / 6-1-3 }

减 { 2-1-5 / 2-2-2 }

平收12针 15/54行

22（55针） 20行

同后片

前（平针） 19.5（起49针）

（减2针）（单罗纹）

（挑47针）

375 款式彩照见 35 页

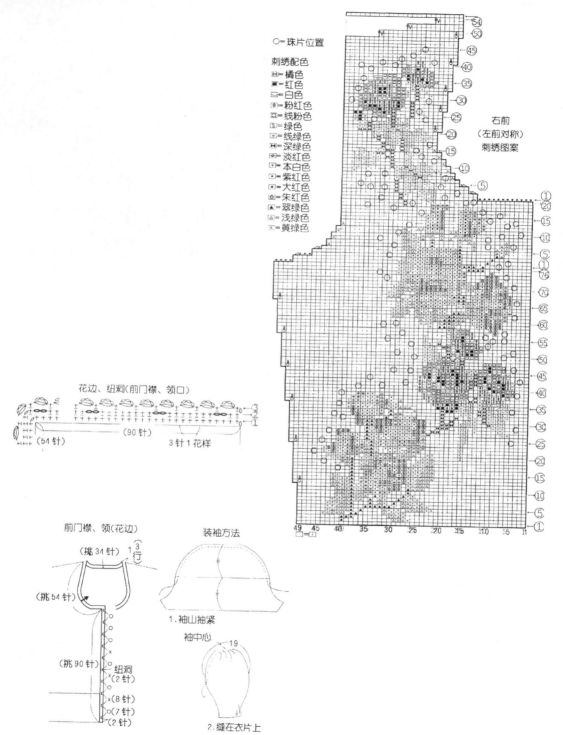

○=珠片位置

刺绣配色
■=橘色
■=红色
□=白色
◎=粉红色
=线粉色
=绿色
=线绿色
=深绿色
=淡红色
=本白色
=紫红色
=大红色
=朱红色
▲=翠绿色
=浅绿色
=黄绿色

右前
（左前对称）
刺绣图案

花边、纽洞（前门襟、领口）

（54针）
（90针）
3针1花样

前门襟、领（花边）

（挑34针）
（挑54针）
（挑90针）纽洞
（2针）
（8针）
（7针）
（2针）

装袖方法

1.袖山抽紧
袖中心
2.缝在衣片上

402 款式彩照见 37 页

材料：中粗毛线，黑色 220 克，白色 60 克。

用具：9 号、5 号（各 2 根）棒针。

密度：平针编织 18 针 ×25 行＝ 10 厘米 ×10 厘米。

尺寸：胸围 78 厘米，袖长 49.5 厘米（从领子中心至袖口），衣长 49.5 厘米。

说明：衣片与袖片按图所示起针编织，衣片 71 针，袖片 41 针同，当编织至前后衣片 24 行，袖片 58 行时织入配色花样（换线时，从背面走线），按图收领口。

肩部留针以挑针方式缝合肩缝。

前后领围按图所示，以 5 号针挑出 80 针，成环型编织单罗纹 8 行，收口。

衣片的下摆与袖口分别挑出 70、38 针，用 5 号针以单罗纹向下编织，下摆 16 行、袖口 12 行，收口。

缝合衣片与袖片（衣片压袖子，从衣片上袖处，均匀地一针针缝合）。

侧缝与袖衣缝拼合。

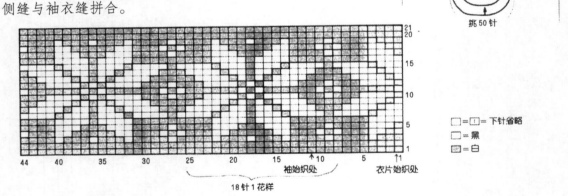

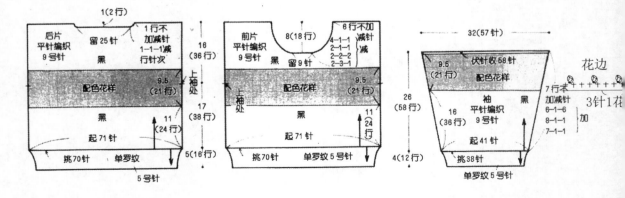

429 款式彩照见39页

材料：细毛腈线，浅橘色430克。

用具：棒针，钩针。

密度：花样处，22针×32行＝10×10平方厘米；平针处，22针×30行＝10×10厘米。

尺寸：胸围84厘米，衣长54厘米，袖长57.5厘米。

说明：前后片、袖片分别起针按图示花样编织，衣袖片缝合后，另挑针织荷叶边领。

荷叶领织法

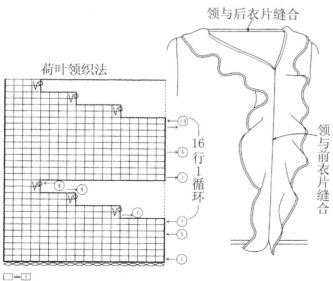

领与后衣片缝合

领与前衣片缝合

16行1循环

□＝[]

429 款式彩照见 39 页

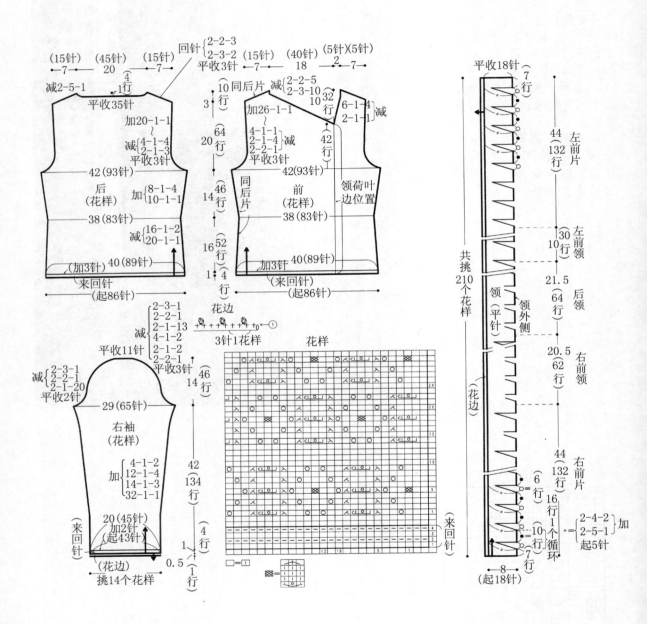

456 款式彩照见 41 页

材料：中粗毛腈线，深紫红色 370 克。

用具：棒针。

密度：花样 A,25.5 针×26.5 行＝10×10 厘米。

尺寸：胸围 92 厘米，衣长 56 厘米，袖长 71 厘米。

说明：前后片、袖片分别起针按图示编织，衣袖片缝合后，领部另挑针织花样 B 为边

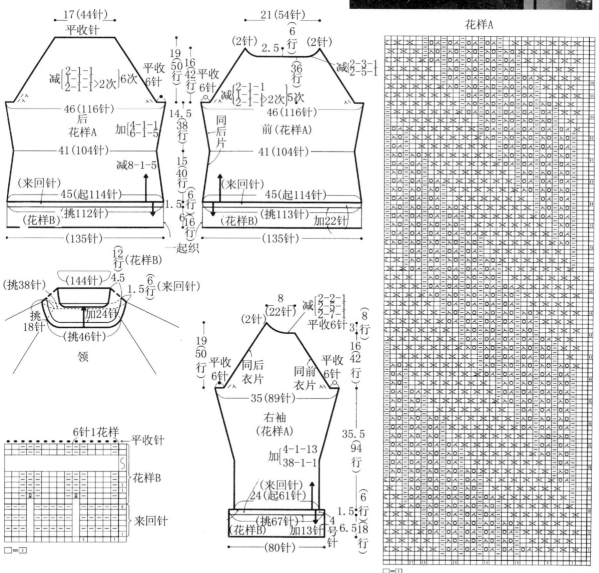

花样 A

483 款式彩照见43页

材料：开衫：白色细棉线 120 克，白色中粗棉线 160 克；裙：白色中粗棉线 31 克；白色细棉线 90 克；2.5 厘米宽橡筋 66 厘米。

用具：直径4毫米棒针，钩针。

密度：花样A、A'处 30 针 ×31 行＝10 厘米 ×10 厘米；花样B处，36 针 ×13 行＝10 厘米 ×10 厘米。

尺寸：开衫：胸围87 厘米，衣长59 厘米，袖长22 厘米；裙：腰围99 厘米，臀围69 厘米；裙长 66.5 厘米。

说明：开衫：左右前片、后片分别起针按图示图案编织，衣袖片缝合后，领口、袖口、前门襟和下摆另挑针钩织花边；裙：前后片分别起针按图示编织，前后片缝合后，裙下摆另挑针钩织裙边。

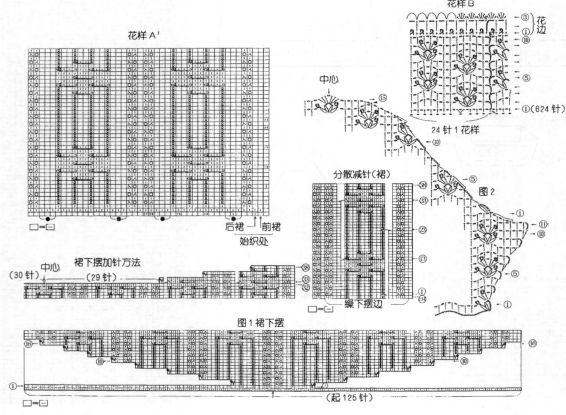

483 款式彩照见 43 页

织法

①

花样A

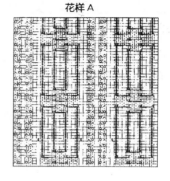

②

③

花边(开衫)

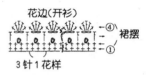

④ 裙摆
①

3针1花样

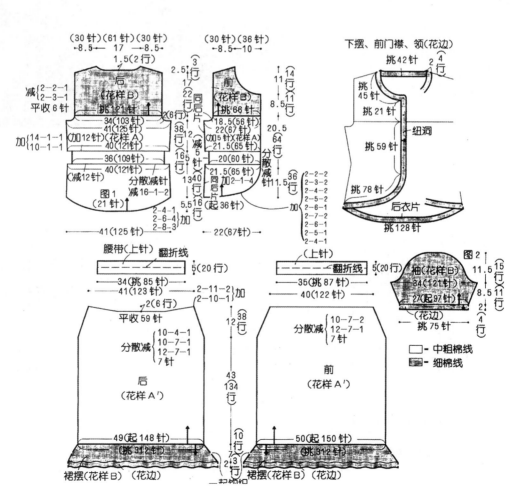

507 款式彩照见45页

材料：小外套：咖啡色杂色粗毛线460克；背心：红色细毛腈线150克，红色缎带4.5米。

用具：直径4.5毫米棒针，钩针。

密度：小外套花样20针×34行＝10厘米×10厘米；1个基本花样：3厘米×3.5厘米。

尺寸：小外套：胸围98厘米，衣长49厘米，袖长67.5厘米；背心：胸围90厘米，衣长55.5厘米，肩宽37厘米。

说明：小外套左右前片、后片、袖片分别起针按图示编织，衣、袖片缝合后，领部另挑针编织，领片、前门襟、袖口和下摆处都需将边翻折。

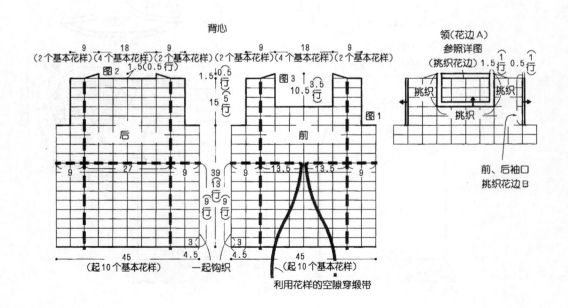

507 款式彩照见 45 页

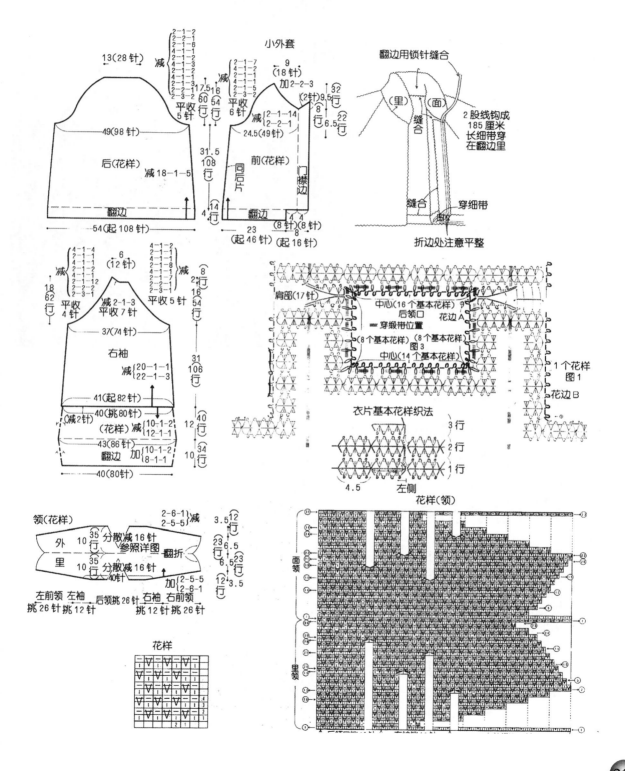

532 款式彩照见47页

材料：铅灰色中粗马海毛310克。

用具：直径4毫米棒针，钩针。

密度：平针处，19.5针×27行＝10厘米×10厘米；花样处，19.5针×34行＝10厘米×10厘米。

尺寸：胸围94厘米，衣长41厘米，袖长32厘米。

说明：左右前片、后片分别按图示编织至育克处，衣片缝合后，育克另挑针编织，然后起针钩织花朵缝合在衣片上。

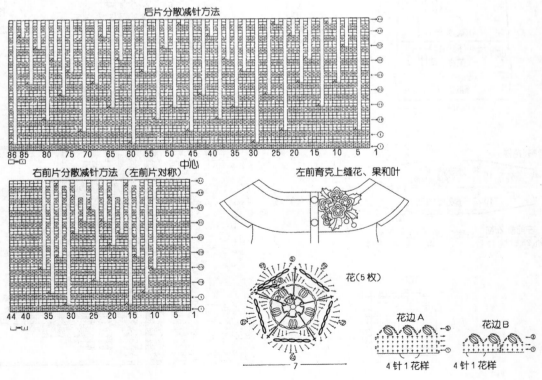

后片分散减针方法

86 85 80 75 70 65 60 55 50 45 40 35 30 25 20 15 10 5 1

中心

右前片分散减针方法（左前片对称）

44 40 35 30 25 20 15 10 5 1

左前育克上缝花、果和叶

花(5枚)

花边A 花边B

4针1花样 4针1花样

557 款式彩照见 49 页

材料：中粗毛线，黑色 200 克，灰白色 40 克。

辅料：纽扣（直经 1.5 厘米）4 粒。

用具：9 号、6 号（各 2 根）棒针。

密度：平针编织 18 针 ×24 行 ＝ 10×10 平方厘米。

尺寸：胸围 74.5 厘米，衣长 36。5 厘米，袖长 32.5 厘米，背肩宽 27 厘米。

说明：后衣片与袖片按图示针数、织法，用黑色毛线以 9 号针起针，由下向上平针编织，收袖窿、领口、袖山、前衣片用黑色毛线起 66 针织至 12 行处，按图所示针位收袋口 15 针。另用黑色毛线以 9 号针起 15 针平针编织袋里 12 行，留针，两侧位置与衣片缝合，将所留 15 针与衣片袋口收针处两侧留针穿于一针，一同住上编织至 44 行收袖窿、领口、用灰白色毛线从前后衣片起针处分别挑 34 针、66 针、按图所示条纹配色方案向下织单罗纹 15 行，收口。

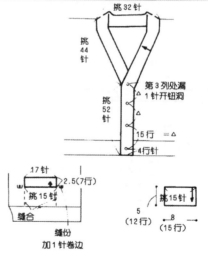

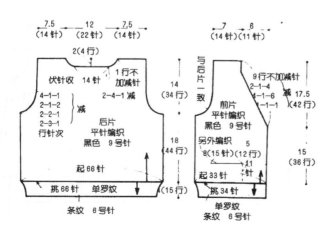

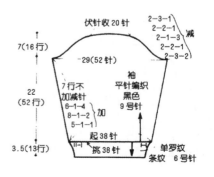

582 款式彩照见 51 页

材料：细马海毛、淡蓝绿色 90 克、蓝紫色 80 克；细毛腈线、蓝色 70 克。

用具：直径 4 毫米棒针，钩针。

密度：平针处，14.5 针 ×19 行 ＝ 10 厘米 ×10 厘米；来回针处，12.5 针 ×22 行 ＝ 10 厘米 ×10 厘米，花样处，28.5 针 ×37 行＝ 10 厘米 ×10 厘米。

尺寸：胸围 96 厘米，衣长 62 厘米，袖长 39 厘米。

说明：前后片、袖片分别按图示编织，衣袖片缝合后，领部另起针按图示编织后缝合在衣片上。

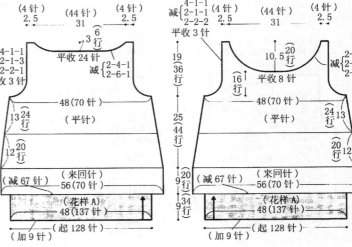

领（花样） 参照图分散减针

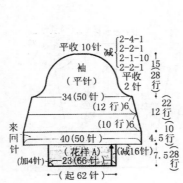

582 款式彩照见 51 页

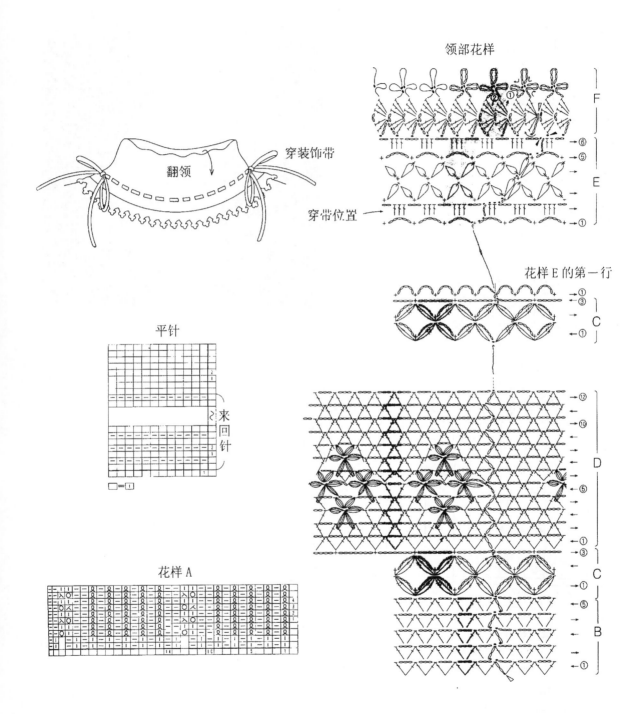

领部花样

穿装饰带

翻领

穿带位置

花样E的第一行

平针

来回针

□=□

花样A

607 款式彩照见53页

材料：雪青色细毛腈线、背心，320克；披肩，220克。

用具：8号棒针，钩针。

密度：25针×24.5行＝10厘米×10厘米。

尺寸：背心：胸围96厘米，衣长69.5厘米，披肩：胸围94厘米，衣长22.5厘米，袖长32.5厘米。

说明：背心：前后片分别起针按图示编织，前后片缝合后，领口、袖口另挑针织双罗纹边；披肩：左右前后片，袖片分别起针按图示编织，衣袖片缝合后，披肩下摆、领口、袖口另挑针织双罗收边。

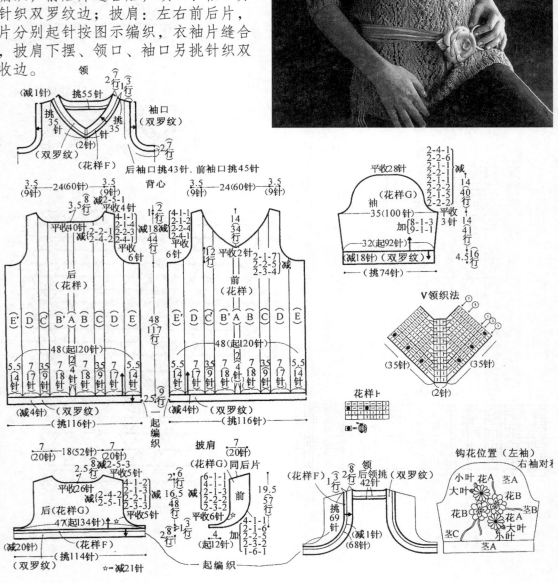

607 款式彩照见 53 页

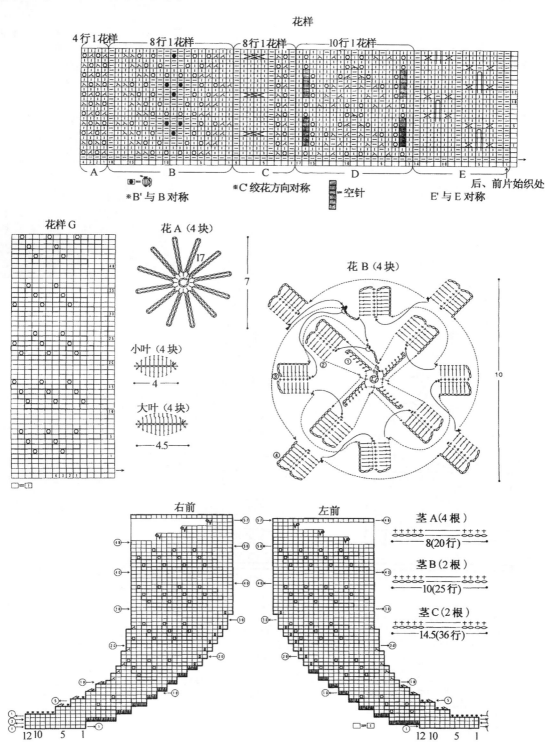

花样

4行1花样　8行1花样　8行1花样　10行1花样

A　B　C　D　E　后、前片始织处

※B'与B对称　※C绞花方向对称　=空针　E'与E对称

花样G

花A（4块）

花B（4块）

小叶（4块）

大叶（4块）

右前　左前　茎A（4根）　8（20行）　茎B（2根）　10（25行）　茎C（2根）　14.5（36行）

632 款式彩照见55页

材料：绢丝线，本白色325克，4毫米宽刺绣 缎带，黄绿色、粉红色、肉色、玖红色各10米。

用具：直径4毫米棒针，钩针。

密度：花样A、B：24针为10厘米；花样a、b、c：42为10厘米。

尺寸：胸围92厘米，衣长52.5厘米，袖长43.5厘米。

说明：左、右前片、后片、袖片分别起针编织，衣袖片缝合后，领部另起针铁网眼荷叶边。

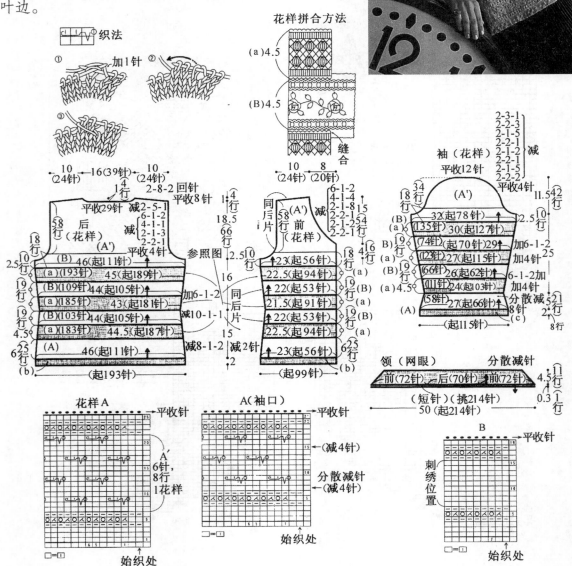

632 款式彩照见55页

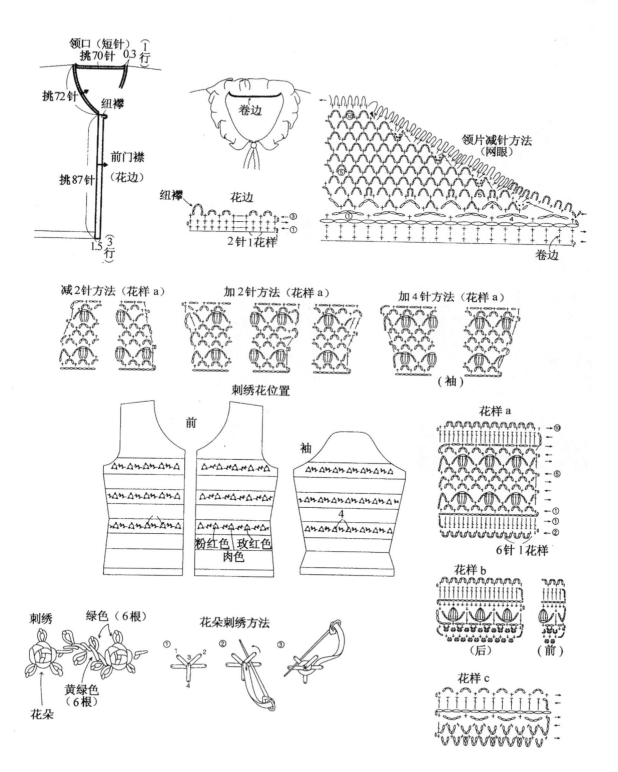

领口（短针）
挑70针 0.3行

挑72针
纽襻

前门襟
（花边）
挑87针

1.5 3行

纽襻 花边

2针1花样

领片减针方法
（网眼）

卷边

卷边

减2针方法（花样a）　加2针方法（花样a）　加4针方法（花样a）

（袖）

刺绣花位置

前　　　　　　袖

粉红色 玫红色
肉色

4

花样a

6针1花样

花样b

（后）　　（前）

花样c

刺绣　绿色（6根）

花朵刺绣方法

黄绿色
（6根）

花朵

①②③

653 款式彩照见 57 页

材料：白色细毛腈线，
外套290克，马甲250克。

用具：直径3.5毫米、
4毫米棒针。

密度：28针×31行＝
10×10平方厘米。

尺寸：外套：胸围95
厘米，衣长24厘米，袖长
54厘米；马甲：胸围93厘
米，衣长55.5厘米。

说明：左右前、后片、
袖片分别起针编织，衣袖
片缝合后，领口、袖口、
前门襟处另挑针织花边。

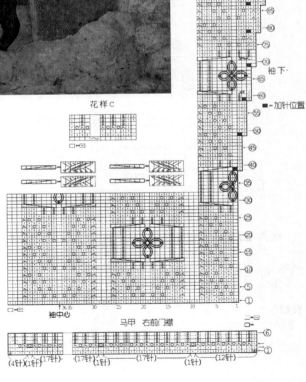

花样C

袖下

■＝加针位置

袖中心

马甲 右前门襟

(4针)(1针) (17针) (17针)(1针) (17针) (1针) (12针)

653 款式彩照见 57 页

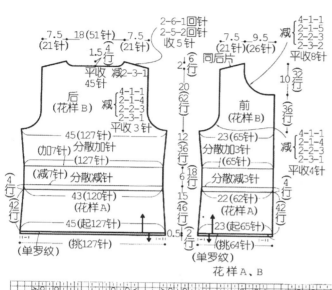

```
7.5        18(51针)      7.5      2-6-1回针
(21针)                  (21针)   2-5-2回针      7.5    9.5      4-1-1
         1.5  4                  收5针        (21针) (26针)减  2-1-5
              行                                            2-2-3
                        2-6-1回针                           2-3-2
                        同后片                              平收8针
         平收 减2-3-1      6                               32
         45针            2 行           减2-3-1       10 行
         后                20                     前            36
       (花样B) 减 4-1-1    62                    (花样B)        行
              2-1-4       行                                  4-1-1
              2-2-3                                          2-1-4
              2-3-1     平收3针                               2-2-3
                                           23(65针)          2-3-1
       45(127针) 分散加针                  分散加3针          平收4针
   (加7针)      (127针)                    (65针)
      (减7针) 分散减针                      分散减3针
    4                                                    4
    行  43(120针)                          22(62针)       行
    42  (花样A)                            (花样A)         42
    行                                                   行
       45(起127针)                         23(起65针)
   (单罗纹)  (挑127针)                0.5            (挑64针)
                                           (单罗纹)
```

花样A、B

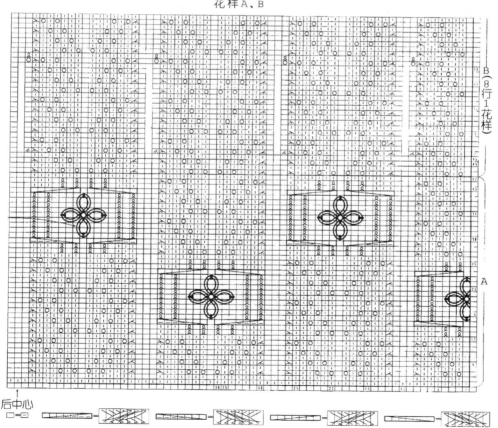

后中心

653 款式彩照见57页

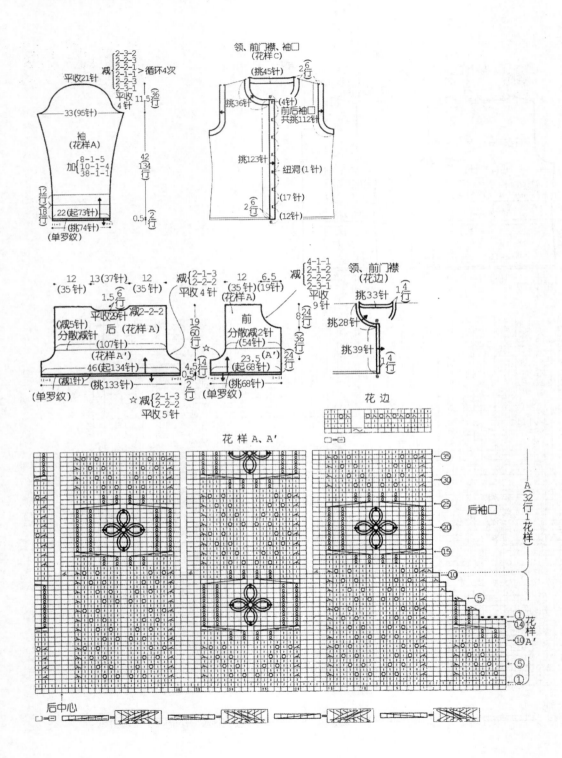

663 款式彩照见 58 页

材料：细毛腈线，灰绿色 410 克，深绿色、黄色、玫红色、米色、淡粉红色、天蓝色和绿色各 30 克。

用具：5 号、7 号棒针，钩针。

密度：25.5 针 ×28.5 行＝10×10 厘米。

尺寸：胸围 92 厘米，衣长 93.5 厘米，袖长 41 厘米。

说明：前后片、袖片分别起针编织图示花样，衣袖片缝合后，领部另挑针钩织花边。

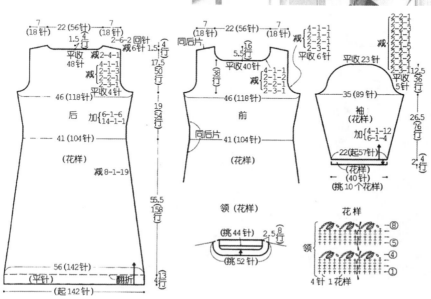

663 款式彩照见 58 页

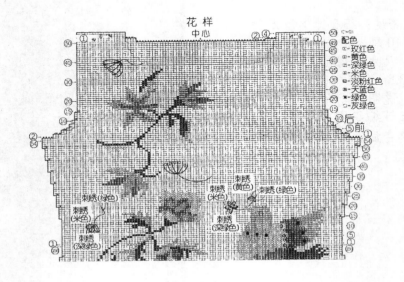

671 款式彩照见 59 页

材料：中粗棉腈线，灰色 240 克。

用具：直径 3.5 毫米，3.3 毫米棒针。

密度：花样 A,B，21.5 针 ×31 行＝10×10 平方厘米；花样 D，18 针 ×24 行＝10×10 平方厘米。

尺寸：胸围 90 厘米，肩宽 38 厘米，衣长 56 厘米，袖长 25 厘米；围巾长 165 厘米，宽 18 厘米。

说明：前后片、袖片分别起针按图示花样编织，衣袖片缝合后，领部另挑针织花样 C。围巾从下往上按图示花样编织，另剪流苏接在围巾两头。

后（花样 A，B）

花样 A(32针,44行 1个花样)

花样 B(16针,4 行 1个花样)

扭针单罗纹(4针,3行1花样)

671 款式彩照见 59 页

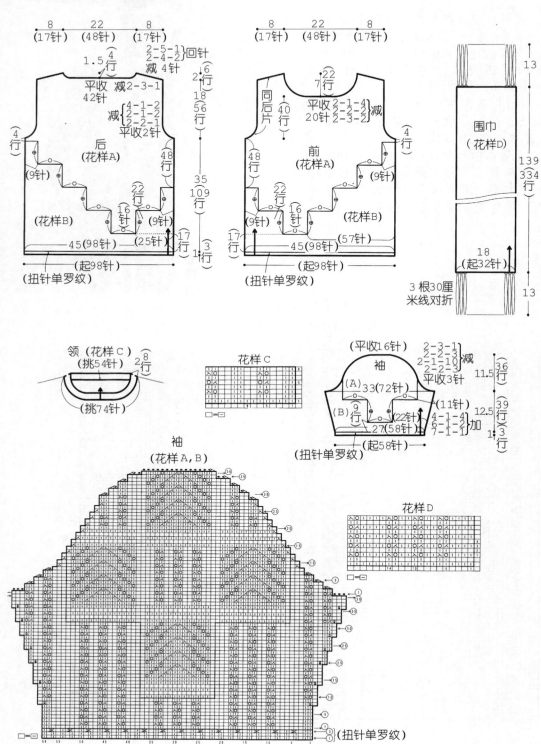

681 款式彩照见 60 页

材料：棉线，白色150克，蓝色240克。

用具：6号棒针，钩针。

密度：22.5针×33行＝10×10平方厘米。

尺寸：胸围88厘米，衣长48.5厘米，袖长24.5厘米。

说明：前后片分别按图示起针编织，前后片缝合后，领口、袖口另挑针钩织短针边。

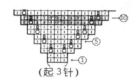

（起3针）

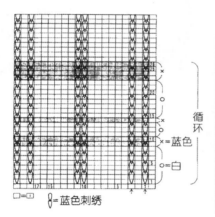

循环

×＝蓝色

○＝白

□＝1

○＝蓝色刺绣

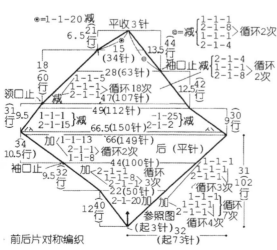

前后片对称编织

领、袖口、下摆（短针边）

689 款式彩照见 61 页

材料：中粗毛线，本白色140克，红色20克，浅绿色10克。

用具：8号、6号（各4根）棒针。

密度：平针编织 17 针 ×22 行 = 10 厘米 ×10 厘米；17 针 ×18 行 = 10 厘米 ×10 厘米。

尺寸：胸围71厘米，袖长26.5厘米侧缝长21.5厘米。

说明：前后片按图所示，用本白色线以8号针起120针，成环型编织。按图所示编织配合花样（采用背面走线）6行，再用本白色线以平针向上编织26行，留针。从衣片起针处以6号针挑出120针，向下以双罗纹织下摆4行，收口。

袖子按图所示针数和织法编织。用本白色线以6号针起42针编织双罗纹14行，换8号针加1针后，编织配色花样A（采用背面走线）6行，再用本白色以平针向上编织40行，留针，缝合袖底缝。

衣片与袖片按图所示处针数拼合，衣片4针，袖片6针（缝合前两侧各3针）。将装片，收口。缝合衣片与袖片其余留针拼合一起，按配色花样图所示成环型编织彩锦肩约克，减针数如图所示（换线时，从背面走线）。

从前后领圈处共挑68针，以6号针编织16行双罗纹收，收口。

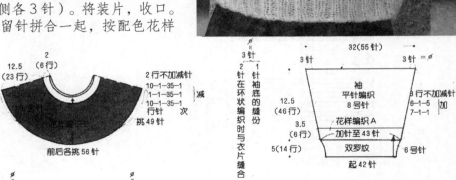

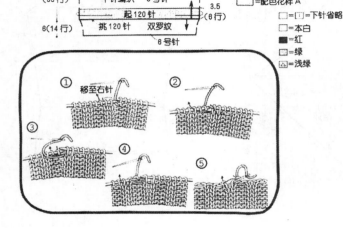

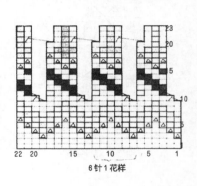

699 款式彩照见62页

材料：中粗毛腈线，驼色110克、咖啡色60克、米色45克、深绿色、浅咖色、橘色等各10克。

用具：棒针。

密度：23针×25行＝10×10平方厘米。

尺寸：胸围92厘米，衣长59.5厘米。

说明：前后片各起针按图示编织，衣片缝合后，衣下摆、领口和袖口处另挑针织单罗纹边。

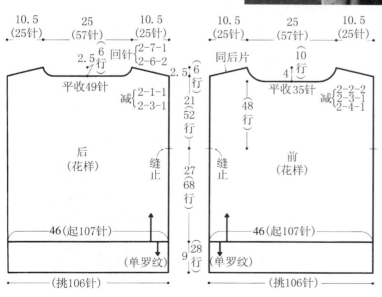

后片：

10.5（25针）　25（57针）　10.5（25针）

2.5 $\left\{{6 \atop 行}\right\}$ 回针 $\left\{{2\text{-}7\text{-}1 \atop 2\text{-}6\text{-}2}\right\}$

平收49针

减 $\left\{{2\text{-}1\text{-}1 \atop 2\text{-}3\text{-}1}\right\}$

2.5 $\left\{{6 \atop 行}\right\}$

21（52行）

后（花样）

缝止

27（68行）

46（起107针）

（单罗纹）

（挑106针）

前片：

10.5（25针）　25（57针）　10.5（25针）

同后片

10 行

4

平收35针

减 $\left\{{2\text{-}2\text{-}2 \atop 2\text{-}3\text{-}1 \atop 2\text{-}4\text{-}1}\right\}$

（48行）

前（花样）

缝止

46（起107针）

28行

9

（单罗纹）

（挑106针）

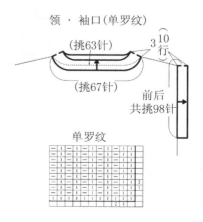

领·袖口（单罗纹）

（挑63针）　3 $\left\{{10 \atop 行}\right\}$

（挑67针）

前后共挑98针

单罗纹

699 款式彩照见62页

换色线方法

第1行　色线

第2行　地线

第3行　地线

地线

□=□	◐=咖啡杂色
■=黑色	◻=墨绿色
⊞=深黄色	▢=橘色
▢=驼色	◎=浅咖色
⊠=深红色	▲=深绿色
◨=深蓝色	▱=米色
◩=深褐色	▶=咖啡色
△=深咖色	◪=咖啡色
⊟=咖啡色	

配色花样

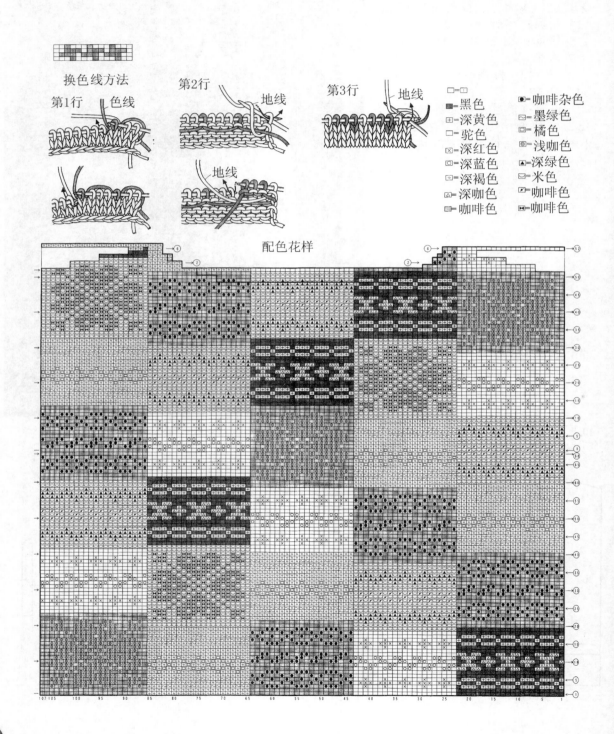

707 款式彩照见63页

材料：细毛腈线，浅灰色、灰色各120克；结子线，米色100克。

用具：直径3.5毫米、4毫米棒针。

密度：14针×20行＝10×10平方厘米。

尺寸：胸围88厘米，衣长54.5厘米，袖长73厘米。

说明：前后片、袖片分别起针按图示编织，衣袖片缝合后，领部、下摆、袖口另挑针织上针边。

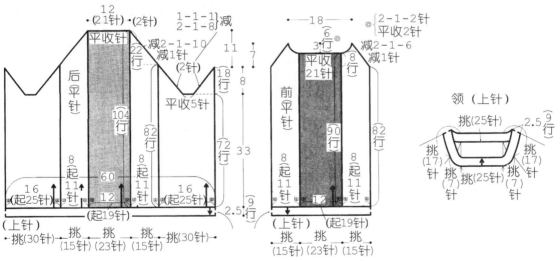

配色

□ 浅灰色

▨ 灰色

▨ 米色结子线

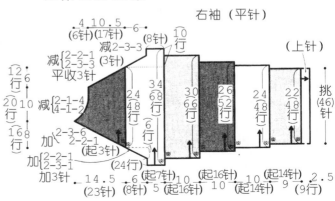

715 款式彩照见 64 页

材料：中粗毛腈线，黄绿色225克，绿色25克，咖啡色、淡茶色和灰色各10克，本白色、黑色少许。

用具：8号棒针，钩针。

密度：23针×31行＝10×10平方厘米。

尺寸：胸围76厘米，衣长38。5厘米，袖长28厘米。

说明：前后片、袖片分别起针按图示编织，衣袖片缝合后，领部另挑针织来回针边。

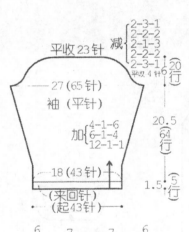

平收23针 减 {
2-3-1
2-2-2
2-1-3
2-2-2
2-3-1
平收4针 } 20行

—27 (65针)—
袖（平针）

加 {
4-1-6
6-1-4
12-1-1
} 20.5 64行

加 { }

18 (43针)

（来回针）

（起43针）

1.5 5行

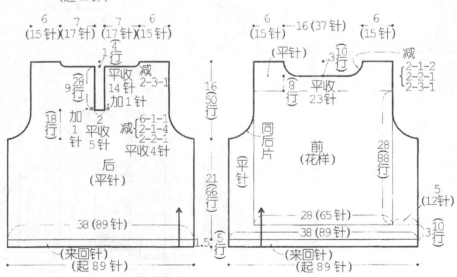

6针 7针 7针 6针
(15针)(17针)(17针)(15针)

4行

(28) 9行

平收14针 加1针 减 2-3-1

18行 加1针 平收5针

2 平收5针 减 {
6-1-1
2-1-4
2-2-1
} 平收4针

后（平针）

38 (89针)

（来回针）

（起89针）

16 50行

21 66行

1.5 5行

6 16 (37针) 6
(15针)(17针)(15针)

(平针) 3 10行 减

8行 平收23针

减 {
2-1-2
2-2-1
2-3-1
}

同后片

平针

前（花样）

28 88行

5 (12针)

28 (65针)

38 (89针)

3 10行

（来回针）

（起89针）

715 款式彩照见 64 页

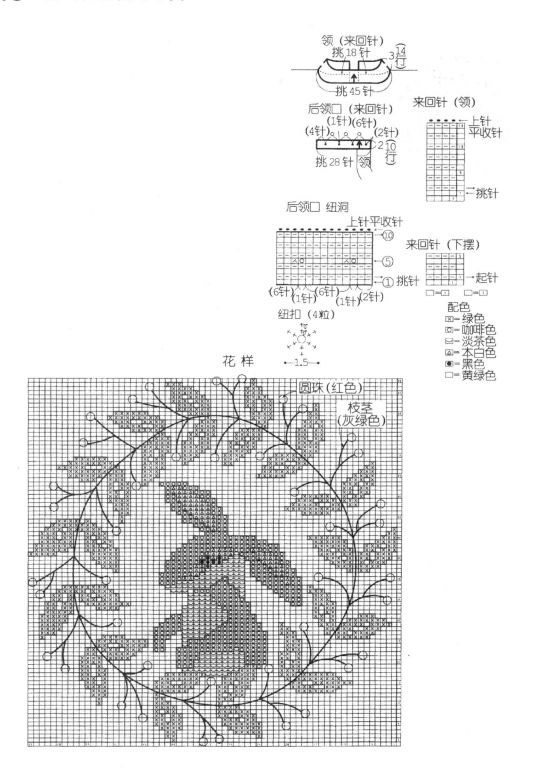

棒针编织基础常识

棒针针法符号介绍

下针

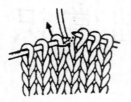  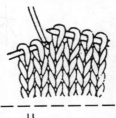

上针

 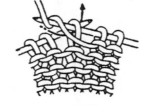 

上针右上
倾斜针

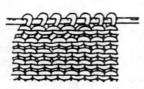

上针左上
倾斜针

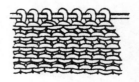

下针右上 2
针并 1 针

先拨到右棒针上

 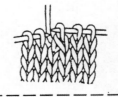

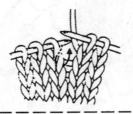
右加针

加上的针

左加针

加上的针

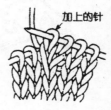

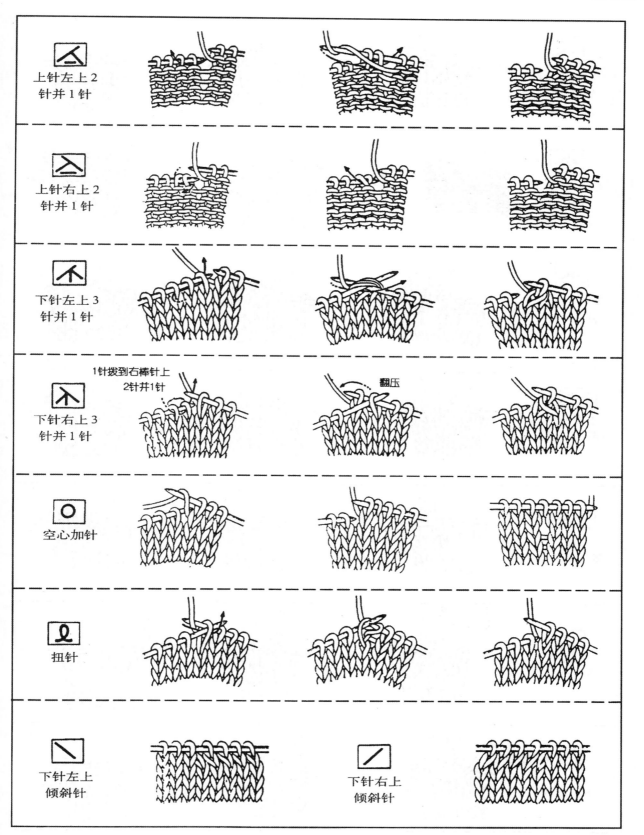

符号	名称
	上针左上2 针并1针
	上针右上2 针并1针
	下针左上3 针并1针
	下针右上3 针并1针
	空心加针
	扭针
	下针左上 倾斜针
	下针右上 倾斜针

1针拨到右棒针上
2针并1针

翻压

上针左上2
针并1针

上针中上3
针并1针　　上针滑针　　上针浮针

下针中上3
针并1针　　未织之前2针
拨到右棒针上

左针
穿入交叉针

右针
穿入交叉针

下针滑针　　此针不织拨
到右棒针上

下针浮针　　将线放在前面　　未织之前拨到右棒针上

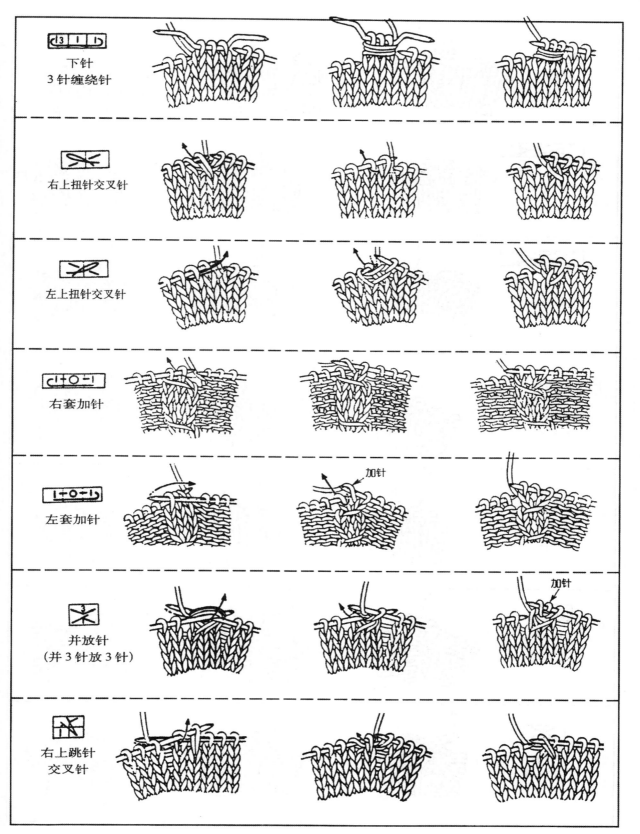

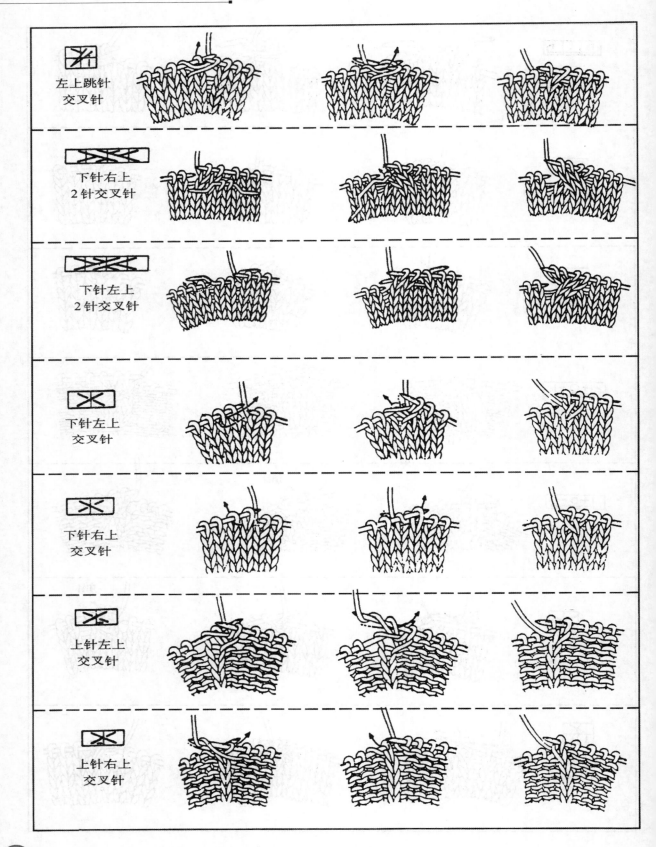

左上跳针
交叉针

下针右上
2针交叉针

下针左上
2针交叉针

下针左上
交叉针

下针右上
交叉针

上针左上
交叉针

上针右上
交叉针

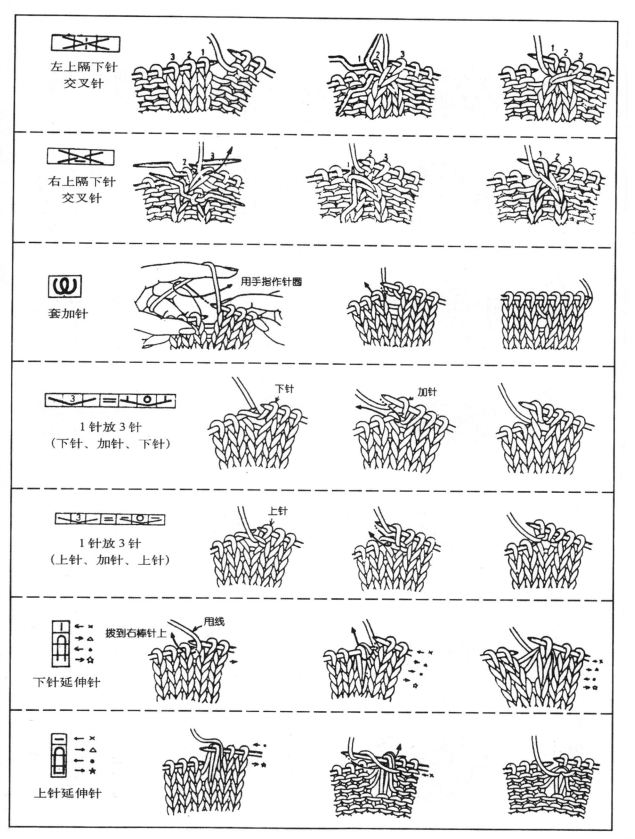

左上隔下针交叉针

右上隔下针交叉针

套加针
用手指作针圈

1针放3针
（下针、加针、下针）
下针　加针

1针放3针
（上针、加针、上针）
上针

下针延伸针
拨到右棒针上　甩线

上针延伸针

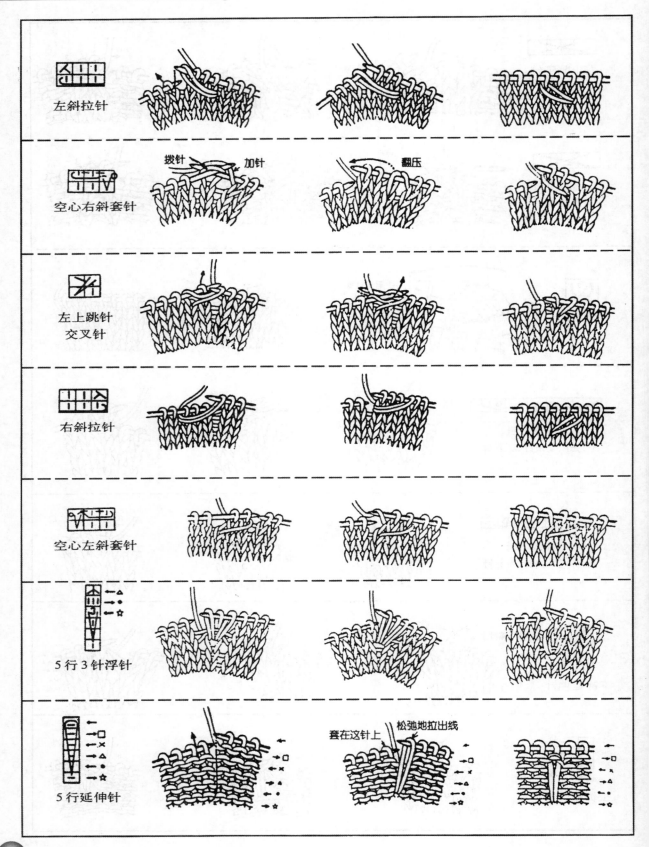

左斜拉针

空心右斜套针

拨针　加针　翻压

左上跳针
交叉针

右斜拉针

空心左斜套针

5 行 3 针浮针

套在这针上　松弛地拉出线

5 行延伸针

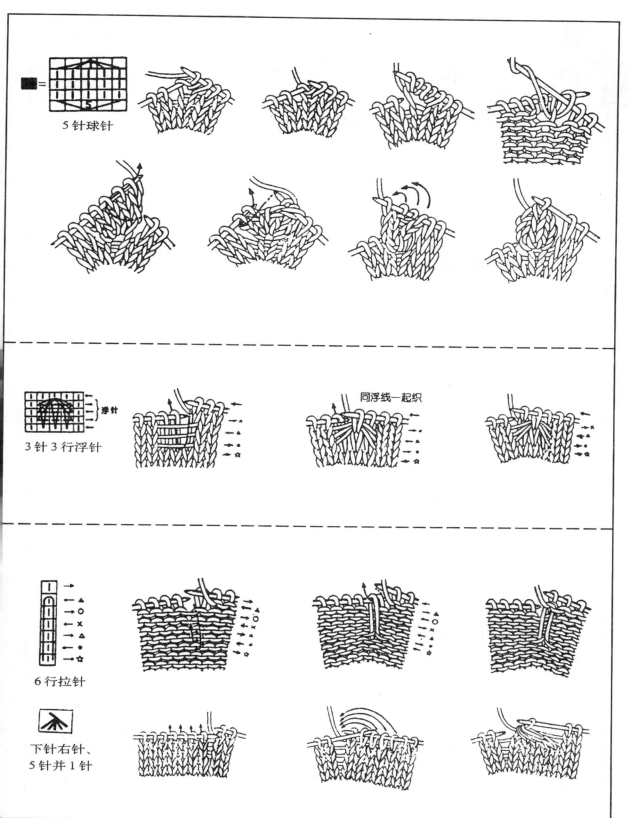

5 针球针

3 针 3 行浮针

同浮线一起织

6 行拉针

下针右针、
5 针并 1 针

怎样识别绒线编结图

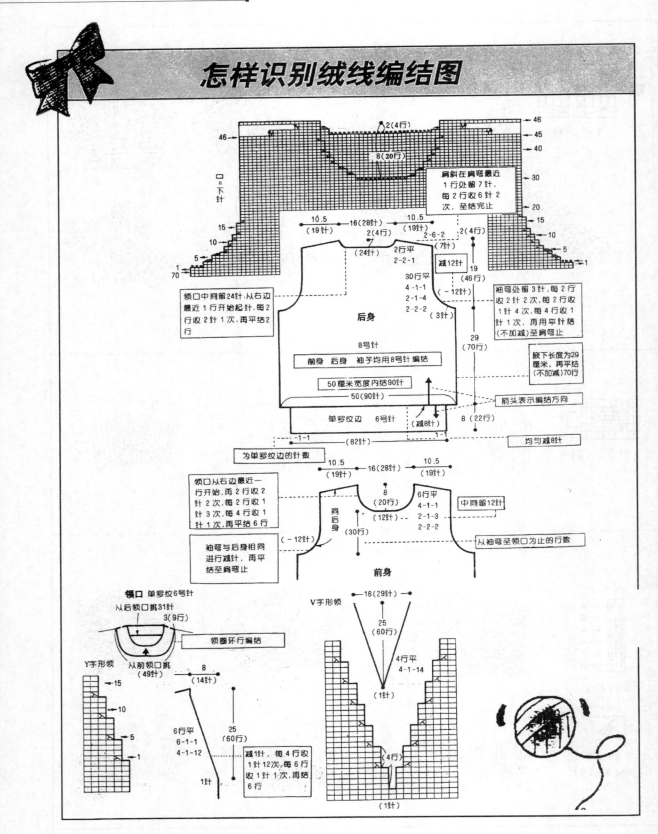

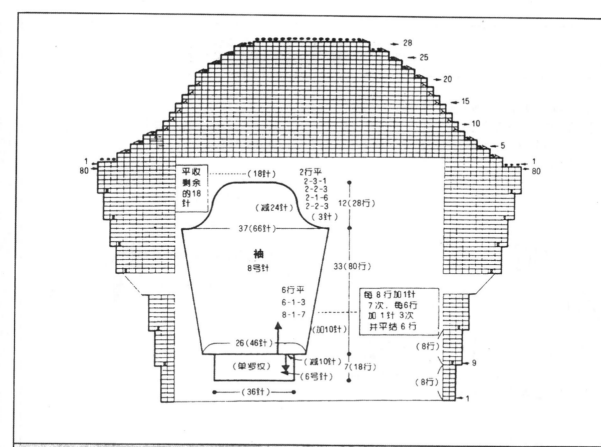

棒针与毛线的关系

毛线的粗细，从粗到细可分为特粗、高粗、中粗、中细、极细、特细等类型。另外，还有诸如粒结花式纱线和竹节花纱线那样粗细不匀的毛线、有马海毛那样的长绒毛线，前者择其粗细适中或粗的为好，后者根据绒芯粗细，以两股线芯的粗细为宜。了解了毛线的粗细，为了编织手感好的织物，请参考右表以及毛线的标签，选择合适的棒针。

适宜于编织的线与针

绒线粗细	适用棒针	平针的标准规格 （10厘米×10厘米）
特粗	8～12号	10～12针 14～16行 （12号针）
高粗	6～12号	15～17针 21～23行 （8号针）
中粗	4～8号	18～20针 26～28行 （6号针）
中细	2～5号	27～29针 35～37行 （3号针）

缝针与毛线的关系

缝针的大小与毛线是否相符? 确认的办法是把毛线从缝针针孔穿过拉出。如果毛线顺利穿过针孔, 则为相符; 如果毛线拉不动, 有阻塞感, 则以换针为宜。

● 用于细毛线

● 用于高粗毛线

穿线法

圈　用拇指和食指握住

拔去针

常用棒针起头方法

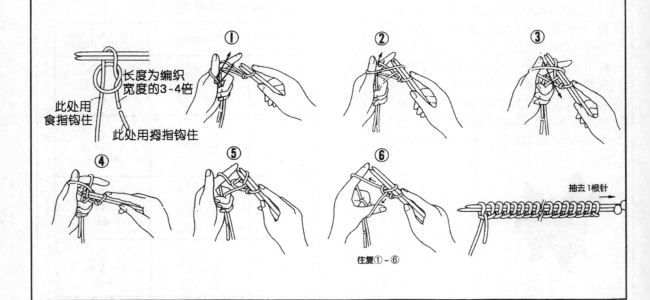

长度为编织宽度的3~4倍

此处用食指钩住

此处用拇指钩住

① ② ③

④ ⑤ ⑥

抽去1根针

往复①~⑥

1×1编链起头法钩针

编链起头法

① 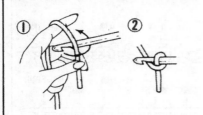 ② ③ ④ 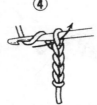 ⑤

⑥  ⑦ 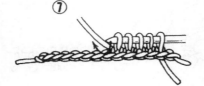 ⑧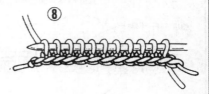

⑨ 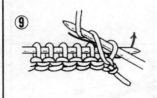 ⑩ 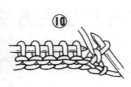 ⑪ 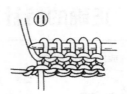 ⑫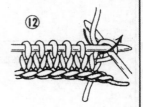

① 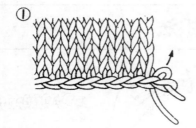 ②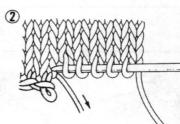

一边将编链拆去，
一边用棒针穿入针圈

钩针的正确持针方法

在用棒针编织时，可用钩针先作编链起头及收口止边

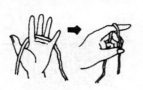 4厘米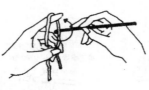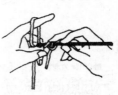

编织时做一下检查记录

正确理解绘图上的数字，是编织好作品的诀
窍之一。为了不发生错误，请在编织前作好检查
记录。

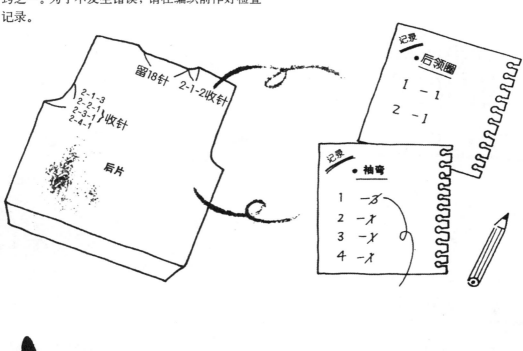

在编织衣身和袖子时，直线部
分每隔10～20行作一记号，花样部
分按每一花样作一记号，收放针位
置处也应用号线和环圈作记号。这
样，便于编织中的确认和缝合。

织到一半如何接线

A 在织物的一端换线

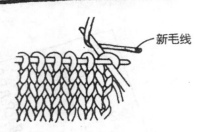

新毛线

B 穿线连接（粗线）

缝针　　2厘米　　新毛线

2~3厘米

C 两端接线

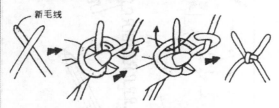

新毛线

处理容易，效果也好（对初学者）

D 中途接线

新毛线　　　　　　　　　　（反面）

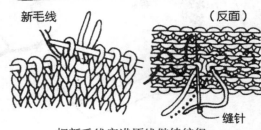

缝针

把新毛线穿进原线继续编织

（粗线）

E 单罗纹织到一半时

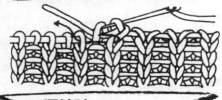

倒退2~3针把
新线叠上去编织

F 漏针时

（正面）　　　放松

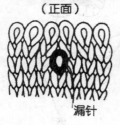

漏针　　　　　钩针

A

（反面）

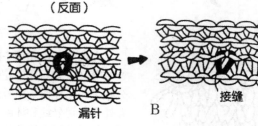

漏针　　B　　接缝

如果漏了针，可采用A方法，即放松漏针的线，
用钩针将漏针挑起继续编织；或采用B方法，即把
零线穿入漏针处，编织下一行时将漏针一起编织进
去，零线不必解开。

收口止边法

编织 1×1 罗纹的收口法

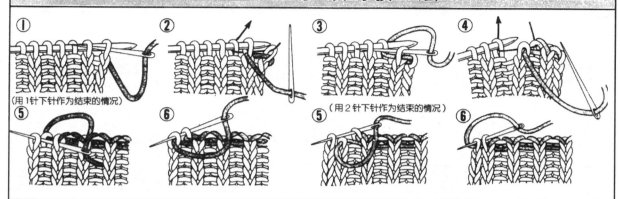

（用1针下针作为结束的情况）

（用2针下针作为结束的情况）

编织 2×2 罗纹的收口法

1×1 罗纹收口（双边收口）

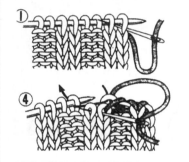

开始收口

向右移针

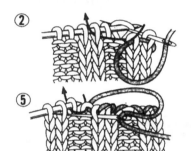

⑥ 收口结束

编链收口法

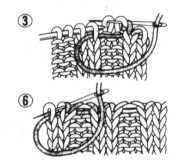

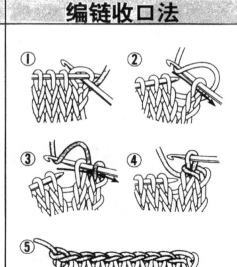

接缝法

编链接缝

①

②

③

平针接缝法

①

②

纵横平针接缝法

正面线圈暗接缝法

①

②

③

1×1罗纹的暗接缝法

①

反面线圈暗接缝法

①

②

③

②

线头的处理

A 织物的中部线头

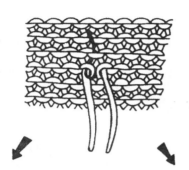

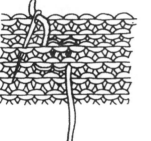

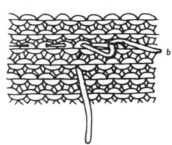

B 织物边端的线头

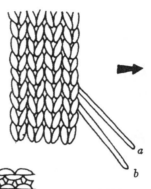

为使织物美观，线头的处理很重要。织物中产生的线头，让其穿过编织网眼2～3厘米长，余下的可剪去；线头也可留长些，处理后打结。

图案反面毛线的处置

竖线

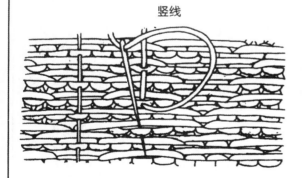

编织的图案花样大，反面横向过渡毛线就长。可参照图示，在织物反面纵向穿入一线，不影响正面图案，将横向拉线固定。此时，应根据织物的伸缩性，适当取纵向毛线的长度。

图案反面线太长了怎么办

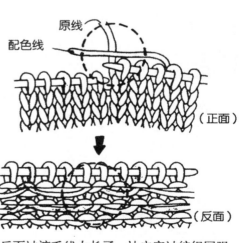

原线

配色线

（正面）

（反面）

反面过渡毛线太长了，让它穿过编织网眼。

挂肩的往返编织法

左肩	右肩

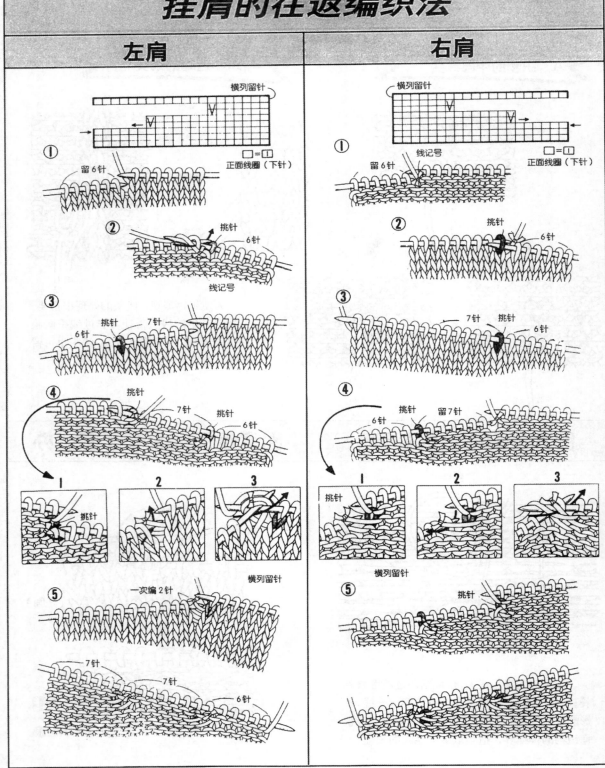

提花编织技巧

反面浮浅的技巧	反面不浮浅的技巧

装袖的方法

用别针固定的方法

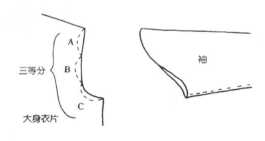

三等分　A B C　大身衣片　袖

A.把袖子放入大身衣片，钉上别针

B.把袖片与大身大片同比率分配，钉上别针

C.将袖子张开，钉上别针

向前衣片方向1厘米

编链接缝法

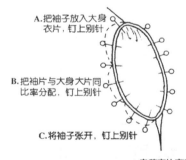

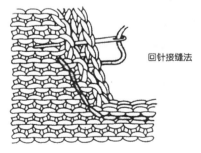
回针接缝法

如何缝合罗纹针

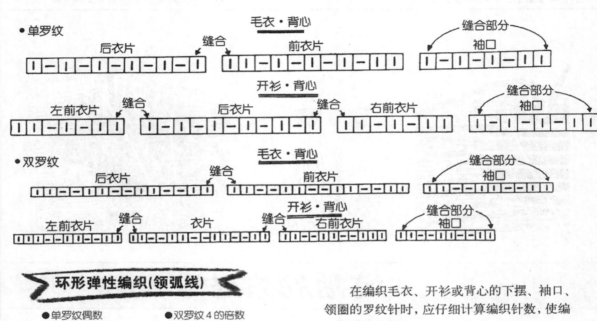

●单罗纹

毛衣·背心

后衣片　　缝合　　前衣片　　　　　　　缝合部分　袖口

开衫·背心

左前衣片　缝合　　后衣片　　缝合　　右前衣片　　　缝合部分　袖口

●双罗纹

毛衣·背心

后衣片　　缝合　　前衣片　　　　　　　缝合部分　袖口

开衫·背心

左前衣片　缝合　　衣片　　缝合　　右前衣片　　缝合部分　袖口

环形弹性编织(领弧线)

●单罗纹偶数　　●双罗纹 4 的倍数

在编织毛衣、开衫或背心的下摆、袖口、领圈的罗纹针时，应仔细计算编织针数，使编织网眼连续美观。

$\boxed{|}$ =下针　　　$\boxed{-}$ =上针

罗纹针拉直怎么办

使用化纤线和棉线以及毛线编织得太松时，弹性收口会松弛或罗纹针会拉直。这时可参照图示，在织物反面穿入松紧缝纫线，使织物收缩。

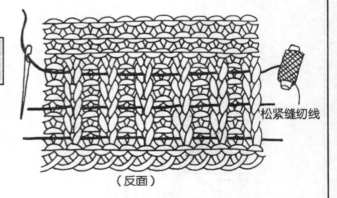

松紧缝纫线

（反面）

简单去除污垢的方法

	污垢的种类	第一措施	下一步措施
水溶性污垢	酱油、番茄酱、咖啡	用干布蘸水擦	◎使用洗涤剂 ◎如果去除不了，可以用漂白剂
	啤酒	用干布蘸水擦	◎使用洗涤剂 ◎如果去除不了，可以用醋酸或酒精
	果汁	用干布蘸水擦	◎在水中加入酸性洗涤剂
	血液	用湿布擦	◎使用加酶洗涤剂 ◎如果还去除不了，用含有双氧水的漂白洗涤剂
	汗	用湿布擦	◎在热水中洗 ◎如果去除不了，用洗涤剂
油性污垢	牛奶、黄油、蛋、冰淇淋、巧克力	去除固体状物质	◎用洗涤剂
	毛笔、胶水、圆珠笔	用洗涤剂	◎用酒精
	蜡笔、绘画用的铅笔	用酒精	◎用浓的洗涤剂 ◎如果去除不了，使用漂白剂
	口红	拨落固体物	◎用酒精去除 ◎用洗涤剂
	粉底	拨落固体物	◎用含有洗涤剂的热水冲洗
微溶性污垢	口香糖	在冰水中冷却凝固	◎用酒精去除
	泥	完全干后	◎用洗涤剂
	碘酒	用热水浸泡	◎使用漂白剂

充满了爱心编结而成的毛衣却因为一点污垢十分难看，只要采取以下各种处理方法，依然可以将漂亮毛衣送给那个人的哦！

◆ **去除污垢的要点**

污垢含有水溶性、油性与不溶性，根据种类的不同，处理的方法也有所不同。

◆ **正确方法**

污垢时间越长越难去除，因此要尽早处理。

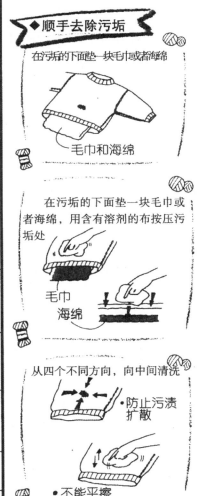

◆顺手去除污垢

在污垢的下面垫一块毛巾或者海绵

毛巾和海绵

在污垢的下面垫一块毛巾或者海绵，用含有溶剂的布按压污垢处

毛巾
海绵

从四个不同方向，向中间清洗

·防止污渍扩散

·不能平擦

掌握要点了吧！

图书在版编目 (CIP) 数据

棒针新花样：升级版 / 马金秀等编 .-- 上海：
上海科学技术文献出版社，2013.1
ISBN 978-7-5439-5523-3

I. ①棒… Ⅱ. ①马… Ⅲ. ①棒针 – 毛衣 – 编织 – 图
集 Ⅳ. ① TS935.522-64

中国版本图书馆 CIP 数据核字 (2012) 第 202407 号

责任编辑：祝静怡
封面设计；周　婧

棒针新花样 (升级版)

马金秀　等编著

....

＊

上海科学技术文献出版社出版发行
(上海市长乐路 746 号　邮政编码 200040)
全国新华书店经销
常熟市大宏印刷有限公司印刷

开本 787×1092　1/16　印张 16.5　字数 422，400
2013 年 1 月第 1 版　2013 年 1 月 1 月第 1 次印刷
印数：1-5000
ISBN 978-7-5439-5523-3
定价：38.00 元
http：//www.sstlp.com